优秀的人，都敢对自己下狠手

陈立飞（Spenser）作品

生活需要一剂猛药
而不是一碗鸡汤

北京联合出版公司
Beijing United Publishing Co Ltd

图书在版编目（CIP）数据

优秀的人，都敢对自己下狠手 / 陈立飞著． -- 北京：北京联合出版公司，2016.9（2017.6重印）

ISBN 978-7-5502-7946-9

Ⅰ．①优… Ⅱ．①陈… Ⅲ．①成功心理－通俗读物 Ⅳ．① B848.4-49

中国版本图书馆CIP数据核字（2016）第138018号

优秀的人，都敢对自己下狠手
作　　者：陈立飞
选题策划：北京时代光华图书有限公司
责任编辑：李　征
策划编辑：高志红
封面设计：仙　境
版式设计：曾　放

北京联合出版公司出版
（北京市西城区德外大街83号楼9层　100088）
北京市平谷区早立印刷厂印刷　新华书店经销
字数153千字　880毫米×1230毫米　1/32　8印张
2016年9月第1版　2017年6月第3次印刷
ISBN 978-7-5502-7946-9
定价：36.00元

未经许可，不得以任何方式复制或抄袭本书部分或全部内容
版权所有，侵权必究
本书若有质量问题，请与本社图书销售中心联系调换。电话：010-82894445

目录

自序 换一条人生赛道

/ Chapter 1 /

职场上,哪有什么"稳定"

职场上,哪有什么"稳定" ＞003

关于职场素质的四点思考 ＞010

关于原始积累、审美和文字表达 ＞016

咨询行业的人生职能 ＞021

外行人眼中的咨询世界 ＞026

麦肯锡想招什么样的人 ＞031

为什么我身边的高管朋友都出来创业了 ＞037

当时间越来越不够用的时候 ＞043

一切没有解决方案的头脑风暴都是耍流氓 ＞047

/ Chapter 2 /

天马行空的开始

天马行空的开始　＞055

管好自己的身体和时间　＞060

Men for others　＞065

关于留学，多的是你不知道的事　＞069

留学就一定能学好英语？您别骗我　＞073

想来留学，先练好英文　＞078

路程已过半　＞082

给来香港读硕士的小伙伴们的三条建议　＞087

先了解下自己，再谈谈读博　＞093

毕业了，我选择留在香港　＞099

深度思考，拒绝洗脑　＞105

现在重要的不是赚钱，是成长　＞110

/ Chapter 3 /

青春终将逝去，情怀永远不老

青春终将逝去，情怀永远不老　＞117

纵使青春留不住　＞121

健身 >126

毕业五年，我却把房子卖了 >131

赶早结婚是上个世纪的残羹冷炙 >137

不负春光，野蛮生长 >141

在美利坚的彷徨与骄傲 >147

纽约的梦 >154

我们注定要和一些人告别，和另一些人连接 >159

菜场卖鱼所带给我的 >165

大格局，不必算小账 >170

发朋友圈的时候，请不要辜负别人关注的时间 >175

优秀的人，都敢对自己下狠手 >180

/ Chapter 4 /

事业不在家乡

体制内外，甲方乙方 >187

在重点中学教书是一种什么样的体验 >193

事业不在家乡 >201

左手象山，右手香港 >207

我眼中的香港 >212

爱与城 >217

这个城市的每个角落，都有人正在奋斗 >222

异乡的筑梦人 >227

写给我的旅行箱 >231

今天不关心世界，只想回家 >235

有一种焦虑叫作三十不立 >240

自序
换一条人生赛道

我想过离开体制后可能发生的改变,但是没有想到,这种改变包括可以出版一本书。

在北京、上海和深圳举办的线下读者交流会上,我都会提到自己人生的两个重大事件。它们改变了我的整个人生轨迹,将生命线从一条赛道直接换到了另一条,跨度之大,现在回首,都觉得不可思议。

第一件事,就是递了辞职报告,从宁波飞到了香港,开始读研究生。

在宁波的一所重点高中当了四年高中英文老师,带出第一届高三毕业班后,想象中自己五年甚至十年后的样子、状态和四周的世界,也许用再一个四年也只能换取一片毫无惊喜的平淡。我知道这不是自己想要的未来的样子,教书很好,只是不适合我。内心两只野兽在打架,传统的那只告诉我求稳,外面的世界不知道多凶险;但激进的那只一直在顶着胸口问自己——难道你的人生就只有这样了么?

终于,传统败给了激进……

所以,每每有人和我说,你现在取得的成绩不错,混得还可以啊,当初怎么这么有勇气踏出这一步呢,啧啧……

那不是勇气,那是对自己的无能为力,对现状的砥砺还击,对未来的没有退路;和未知的未来相比,一眼看得到头的未来,更让我恐惧。

说白了,其实是反了。

第二件事,就是当时我居然神奇地开了一个微信公众号。

2013年,罗振宇的脱口秀节目《罗辑思维》在优酷上开讲,亦开启了如今自媒体的新时代。他肯定没有想过,三年后,会是这样的规模、流量和影响力。从他第一期节目我就开始关注了,还掏了一千多元钱买了个铁杆会员。一路跟随至今,毫不客气地说,我是看着"罗辑思维"这个号如何一步步长大的。

很多读者或朋友问我,为什么你的公众号名字叫"Spenser的二次学习日记"?其实,这个名字并不是我原创的,而是一个叫Fay的女孩,在哈佛商学院念硕士,她开设了一个叫"Fay的二次学习日记"的个人公众号,写自己在哈佛求学的日子和故事,我一直关注并颇有兴趣。当那个夏天决定去香港念书的时候,我脑子想着为什么不给自己在香港的生活也做个记录和背书呢?

于是就注册了,当时也没想好取什么公众号名字,就先取了这个"Spenser的二次学习日记"。后来才知道,公众号名字是不能修改的……于是一直沿用至今。

可惜,Fay的那个公众号后来不知为何停止更新了,最后那次的更新,一直定格在2015年2月24日。

朋友和我说过,他以前一直追和菜头的文章看,后来有一段时间和菜头突然停止更新,他觉得很焦虑,很想知道到底发生了些什么，也有一种被抛弃的感觉，无所依靠。

2014年12月，我去了美国波士顿，在哈佛朋友的宿舍住了近一个星期，专门去了哈佛商学院，认识商学院的中国留学生，和他们打听Fay真人是谁。如果见到本人，我会告诉她，她其实影响了我的现在，以及以后更大的未来。

可惜，打听的人都不知情，而我给Fay发的后台留言，也一直没有得到回复。

站在查尔斯河的桥上，看着哈佛的红墙，感慨人生的奇妙，一个不经意出现的人，可能会影响另一个人的整个未来。

我自己的本职工作是金融，这个职业离钱近，离欲望近，容易陷入焦虑、浮躁、膨胀，眼睛里带着血。

而每周一更的文字，是在发泄内心肿胀，是在反省平日言行，是在窥探内心魔鬼，也是在细数这一路的岁月脚印。

不管是资源互换，还是商业变现，公众号除了带来这些附加价值，最核心、最重要的，则是它记录了这几年自己的路程，好的坏的情绪，光荣和低谷；浓缩了在香港留学、在香港工作、在北上深等一线城市所看到的世界和所有的冲击与思考。

之前在网上有个很热的帖子，说"世界那么大，我想去看看。"我当自己是那个看世界的人。

很多时候，我们没有看过外面的世界，才会以为自己所能看到的范围就是世界的样子。

我开始接触不同的行业、有意思的人，金融圈的，创投圈的，新媒体圈的，了解在北上深这些一线城市中的精彩和不安。

开始明白做投行和咨询的人，看到的都是光鲜，看不到的都是苟且,背后是数不尽的加班、电话会议和出差。

开始明白很多年轻人往往都低估了大城市的残酷性,被太多的感性文字熏染从而过度美化了城市的精彩。

开始明白,认知是最大的障碍,时间是唯一的风险。

如果用一个词来概括这几年离开体制后在外面世界的日子,除了"野蛮生长",我找不到更准确的形容。

职场转型之大、成长速度之快,就像互联网的说法——三个月就是一年。就像完全换了条赛道,还意外地实现了弯道超车。

有时候回头看看过去和现在,怎么自己脚下的路,还冒着热气。

所以把这几年的经历呈现给这个世界,有自己的事故,也有别人的故事。

这本小书,提供了我看世界的一个角度,如果能给你带来一些共鸣和感悟,就已经满足。

/ Chapter 1 /

职场上，哪有什么『稳定』

/ Chapter 1 / 职场上,哪有什么"稳定"

职场上,哪有什么"稳定"

"稳定",已经由原来生活的保障,开始成为创新的束缚。

资深主持人张泉灵接受冯唐采访,问到为什么从央视出来转型创投圈时,她说:这个世界正在翻页,当这一页已经翻过去了,你还在原来的那一页很高兴呢。

当大家还在谈稳定工作,我的内心戏是,你所谓的脚下传统的稳定基石,其实早已松动。"稳定",已经由原来生活的保障,开始成为创新的束缚。

三年前罗振宇在做《罗辑思维》的时候,就提出过职场的 U 盘化生存理念——自带信息,不装系统,随时插拔,自由协作。横批曰:自由人的自由协作。

我居然不幸地被言中了,成了那支 U 盘。

金融从业者,自媒体人,香港和内地都有不同的公司,时常面对自己职场身份的困惑和没有归属,但是每天累成狗啊,复活节秘书休假去旅游了,自己还在忙着工作的事。

但是特别想不要脸地承认，相比前些年稳定的日子，我更喜欢现在的状态太多，自身的能力和能量，也在这两年得到了充分的释放。我的日子没有被浪费。

环顾四周，如今身边这样的人好像越来越多了。

传统商业，可以说在"××公司""××单位"工作，公司和单位就是我们的职场身份，尤其在公务员系统和事业单位，还有"编制"的概念，所谓铁饭碗，保证不会被辞退，那就更有归属感了，单位就是衣食父母。而如今，公司作为一个人在职场的身份背书，开始变模糊。白天在单位上班，晚上可能在做专车；开淘宝店做生意的要先成"网红"；光线传媒的刘同写了鸡汤书，现在居然还拍成电影了；而且有一种副业是人人可做的，比如微商，比如直销，对吧？你肯定懂我的意思，而且微商的商业模式，借着互联网社交的优势，未来的发展前景还挺看好。

主业是一个传统身份，而副业的收入却更好。而且所花的时间和精力，也不一定比主业少。

所以网上经常有这样的论断，未来"公司+组织"的传统模式将消失，"平台+个人"的模式将成为主流。

当一切场景、社交、支付都可以互联网化，其实有很多时候，就真没公司什么事了。因为职位的需要，把价值观不同、兴趣爱好各异的人安排在同一个空间，本身多少都是有些违反人性的。现在世界，一台电脑，一部手机，都是你职场的兵器，连接世界，交易买卖，在互联网上跑马圈地，没有空间的限制，更没有时间的约束。

所以未来的公司不是等雇员招进来后进行公司文化培训和灌输，而可能是因为在招进来前，就有共同的文化兴趣价值观，才自发形成了组织，搭建了平台。因为互联网的一个很大作用，就是解决了信息不对称的问题。你可以在不同的平台和社群，迅速找到自己的"同类"。

我相信在未来，跳槽的频率会越来越高，而跳槽的风险和成本会越来越低。一是因为基于生存的压力会越来越小，工作的意义很少是为了解决温饱地活着，更多是为了探索人生价值的意义。尤其对于现在的"90后"，时间已经证明，"90后"不是"脑残"的一代，更不是垮掉的一代。他们对于人生，对于职业，有着自己的判断和姿态。如果觉着一份工作没有提升价值，不有趣，不能满足自己的成长和价值观，可能说不干就不干了。当年的我们太保守，太扭捏，而他们更无所顾虑，更敢想敢做。和他们聊天，总有种过不了多久，我们这些老人家要给他们小后生打工的深深焦虑感——世界是他们的。

最近开始接触创投圈，接触了很多有想法的"90后"，他们好些都是从投行、咨询、500强、体制内跳出来自己创业，做一番事业的。问原因，有些说是感觉自己原来的岗位太老气了，太无聊了。或者当他们觉得碰到职场晋升的天花板后，并不选择耐心地熬着，而是直接出来。既然不能 up，那就主动 out 呗，大有一种"老子不陪你玩儿"的霸气感。

哪有什么稳定，奢望什么归属，我们都是一座城市里的孤岛，我们是自己的岛主。

"雇员制"会暗淡，"合伙制"会发光。未来招人，除了用薪水外，一定要画一张大饼，构一片蓝图，建一个平台，说只要你有能力，就使劲耍吧。

有人说，公司不可能消失。大家在一起办公，效率更高，沟通更好呀——额，这也不一定吧。

从沟通的角度，电话会议、视频会议确实比不上面对面沟通更加直接和有效。但另一方面，说白了，现在大家的时间都被互联网工具碎片化了，也就是所谓的碎片化生存。如今的我们很难找一整块时间，完全不受外界干扰。我自己印象中，能有这种时间的场合——往往是在飞机上的几小时。所以我虽然经常飞，却并不反感在飞机上的"无聊"时光，反而特别珍惜这段万米高空平流层的与世隔绝。上面没有 Wi-Fi，没有信号，没有社交（除非旁边人找你搭讪）。在一整块时间里，你可以安静地码字（我确实好些文章都是在空中码完的），或者心无旁骛地看一部电影，或不被打扰地读一本书。

而在公司里，表面上是有八个小时，但办公室的八卦，社交软件的往来，都会不定时地切断和耗掉整块工作时间。而且上下班来回的时间，也是另一种时间上的损失。我相信未来上班时间会变得越来越弹性和灵活。未来更多岗位的需求和设置，是以项目、以 KPI 为驱动，而不是以上班时间来衡量。

另一方面，工作和生活的场景分界线正在变得越来越模糊。有可能晚上一个人在家办公的效率，比白天一堆人在办公室效率还高。而且现在办公是无固定场景的。有电脑和手机的地方就能办公，在家里书房，在小区星巴克，在酒店，在动车上，在飞机上——任何时间，任何地点。

做"自燃型"的职场人

我相信未来不稳定的工作会成为常态。自由职业的人不再是社会的少数派，甚至可能成为主流。

真正的自由职业者从来就不自由，因为自由是自律换来的。

记得许多年前，台湾绘本作家几米接受采访时说到自由职业，像他们这类自由职业的人，其实需要更加自律，因为没有外在规定的区别工作和生活的时间界线，就需要内心有一套时间标准。不然，自由就会变成散漫，滑向慵懒、堕落。

没有自律的自由，没有任何价值；真正自由职业的人，内心都有一台永动机，都会给自己设置KPI——通俗点说，就是不用鸡汤，自带鸡血。

跨界的能力

未来职场，会更强调创新，更追求艺术与技术的结合，更需要职场人更多元的素质，更丰富的技能。区分一位产品经理是否优秀，不是看写代码的能力，而是看心理学功底和审美能力。

跨界的真正优势，并不在于多一个身份、多一份收入。而是通过几个身份带来的资源、平台和流量，进行交叉、整合、互换，最终发挥1+1>2的效果。

但跨界也分行业属性，而且也不是说不尊重工匠精神。这里就涉及战略定位、时间精力管理、行业趋势判断等一系列具体操作的能力。

跨好了，能成就一盘大棋；没跨好，就很有可能赔了夫人又折兵。

分享的能力

我倾向于认为，分享不是一种意愿，而是一种能力。因为人性，不管是外向还是内向，骨子里都是渴望被关注、被重视，当被推到闪光灯前，其中大多数人是渴望表达的。社交恐惧症并不是害怕社交本身，而是害怕社交能力不行而导致的负面评价。未来是分享经济的时代，往往自带魅力人格属性的产品能卖得好，罗振宇和罗永浩都已经证明了这一点。而分享能力就是打造魅力人格最重要的一环。

　　分享能力并不抽象，相反，是很细节很具象的能力。因为我们展示给这个世界的一切，其实都是在分享。具体点说，你穿衣的搭配，谈吐的方式，表达的能力，不管是文字还是语言，甚至你做的 PPT 的内容和排版，你在朋友圈晒的照片，无不在透露和出卖着你的思想、逻辑、美学、品位等等。

　　分享能力，考验的其实是一个人的综合能力。

　　世界已经翻页，你在原来的一页，还是新的一页？

关于职场素质的四点思考

人成功,并不是因为他做了什么,而在于他选择没做什么。

自我要求高的人,一定吝惜自己的时间,也不会来浪费你的时间。

突然发现自己也已经工作好些年了,体制内体制外都混过,想写一些关于职场的思考和体会。我个人觉得下面四种能力,还是比较重要的。

时间管理是一定要做的

人永远都不会忙到没有时间做某件事,只是那件事没有放在你的优先考虑项而已。现在我手上有香港理财投资和海外教育的两个项目,内地城市办事处的开设,找合适的合作伙伴,自己团队建设和培训,公司内部架构,每天忙得和狗一样。没有有效的时间管理,只会深陷泥潭。因此一般能十分钟说完的事,就不要拉长到半个小时,麦肯锡有个三十秒电梯理论,讲的是凡事要在最短的时间内表达清楚,直奔主题和结果；所以能打电话解决的问题，就尽量不要见面，路上花两个小时见面和十五分钟的电话，其实没多大区别。邮件在工作中的沟通太慢，极有可能被微信右上角的"发起群聊"替代（千万不要把微信定位为一个单纯的社交工具）。

　　提高一件事的时间使用效率，是战术层面上的考量。但更重要的智慧，在于同样的时间，选择做哪些事，不做哪些事，这是战略的思考。过分忙碌一定会导致盲目。人成功，并不是因为他做了什么，而在于他选择没做什么，这句话看似励志鸡汤，却是实在干货。承认吧，很多时候，辛苦不赚钱。有些社交，就是无效的，自我要求高的人，一定吝惜自己的时间，也不会来浪费你的时间，就是那么有范儿。

　　时间管理的目的，一是为了项目分类，二是提高单位时间的使用效率。但最重要的，是真正把自己从时间里解放出来，驾驭，而不是被驾驭。村上春树每天早上写作，俞敏洪定期游泳，能管理好时间的人，都是自律的人。时间花在那里，你的价值就在那里，你的人生，也在那里。

身体管理有时比时间管理更重要

　　在美国的时候，在爷爷的小镇住了几天，我注意到一个现象，住在郊区和小镇的美国人，身材往往都肥胖，进入自助餐厅吃饭，几乎十个美国人九个胖。而到了波士顿和纽约曼哈顿的时候，明显感觉他们的身材往往都还不错，尤其是穿着上档次的西装的人。当今社会，物质相对丰盈，随着年龄增大，基础新陈代谢变慢，肥胖，对于大多数人来说，几乎是不可逆的宿命。保持身材这件事，就是逆水行舟，不进则退。前段时间工作没日没夜，忽视了健身和流汗，不知不觉身材像气球一样，吹起来一圈，有一天坐下来的时候，发现肚子上的扣子好像要爆了，才意识到事态严重。这暴露了时间管理和身体管理的双重失败。有个奇怪的现象，越忙碌的人，越会抽出时间来锻炼，他们早上起来游泳，或者晚上回来跑步。大家都看过华尔街那些金融男的身材的帖子吧。

　　是的，这个社会，颜值就是那么重要，袁姗姗被黑了一年，两条马甲线就可以让路人转粉，甚至黑转粉。大家都太没有耐心来慢慢发现你的内秀了，你的身材和颜值，就是你的包装。包装不行，别人没有打开的欲望。这个和年龄没有关系。肌肤目前还紧致的，脸上有苹果肌的，恭喜你，你还年轻；肌肤松弛了，就用肌肉来保持健康舒适的曲线，不一定要腹肌分明，但至少脂肪比例不要超标。迈开腿，管住嘴，是保持身材的圣经，却几乎违背人性。就看你更注重长期的美体，还是贪念那一刻的美味。这样一想，肥胖的人，是不是只在乎曾经拥有，而不怎么在乎天长地久，缺乏战略性思考的长远眼光？所以公司高管或者有领袖气质的人，一般都不会太胖，因为这真的会暴露很多性格里的不够优秀。

执行力才是一切，其他都是扯淡

　　在哈佛大学和留学生朋友聊天，哈佛商学院的程博士那句掷地有声的话，我至今依然记得。

"我分析了那么多案例，看了那么多项目，我总结，最重要的就是执行，其他都是扯淡。"

执行有两种，一种是你想明白了，就挽起袖子干了；另一种是你还没彻底想明白，但你觉得不这样做以后一定会后悔，就干了。

马云也承认，当初做阿里巴巴的时候，做梦都没想到会成为现在这个样子。别装了，大家都不是什么圣人，这个世界，没太多真正的智者。我们都是摸着石头过河，只不过有些人一不小心上了岸，而已。

因为互联网时代，三个月就是一年，产品和趋势更迭的速度，简直就是三星的那句广告语——Next is Now。

一年前运营的公众号，订阅量能达到十万；你今天花同样的时间再运营一个试试？

别闹了。

很多时候，就是要先开枪，再瞄准，子弹会长眼睛，过程中调整方向。不管怎么样，有个大致方位，先射出去再说。

构建了公司未来美好的蓝图，画了一块巨大的蛋糕，你没有执行的刀，都是吹水。

所以在开会的时候说得最多的话是：怎么落地，怎么执行，什么时候开始？

如果你真的想做一件事，现在就开始。

不要给自己设限

不要给自己设限。

这句话应该是李开复老师说的,现在想来,也挺有道理。

因为现在这个世界,没有什么是稳定的,绝对的,不变的,理想的。拥抱变化,及时更新并享受学习的乐趣,或许才是这个时代的主旋律。

我有时候都分不清自己的身份,搞金融的,办教育的,现在还算是半个自媒体人,在跨界中游走。有人觉得分散精力了,不够专注。但是我知道,其实这些都是相连的,每块能力都有一个释放的平台,构成完整的立体的自己。单一的价值,终究显得单薄。

所以不要一开始就说,我觉得我不适合做这个,我性格适合做那个。其实很多东西,你以为喜欢和适合的,当你真正踏入这个领域的时候,可能悲剧地发现,以前觉得是个光环,其实是个坑。

说白了,你其实并不了解自己。王尔德都说了:只有浅薄的人才了解自己。

赞同奴隶社会的李一诺说,请忘记你的专业。你以为做投行天天满世界飞,做路演,每天进出高档酒店,就是他们生活的全部么?不,你没看到底层分析师天天做模型的辛苦样。而且,每天飞来飞去,和每天坐办公室一样,只不过是换了个移动的办公室而已，都会腻的。

现在这样理解，很多抱怨的人，往往是缺乏对世界的认知，所以会只因为一张拍摄角度不错的照片，就要情定圣托里尼；仅仅是一份看上去还算体面的薪水，就要献身某项行业。

多去看些不同的风景吧，你就不会迷失在别人的朋友圈里。多去和不同行业的人接触，才不会被人一眼看穿。至少，在面试的时候，你总得看起来很聪明吧。

有了眼界，就有了格局，就会逐渐找到自己的方向，不管是世俗接地气的，还是情怀理想派的。一位在我看来明明可以靠脸，却偏要靠才华的朋友和我说：我现在这么辛苦地工作，就是希望自己将来可以在香港的马路上开一辆属于自己的保时捷跑车。

挺真实，朴实，至少他很清楚自己想要什么。

关于原始积累、审美和文字表达

人在同一个维度下待太久,真的不是什么好事。

撕裂般的成长也许痛苦,却能迅速吸收能量,看似在跨界,其实是重生。

冯唐在他的公众号上发了一条状态——"忙成狗"。

我心有戚戚,回复一条——"我也是"。

这段时间的工作状态,可以用"忙疯了"形容。上篇文字《关于职场素质的四点思考》,总觉着没有说完写尽。念念不忘,必有回响。补充三条,纯粹个人三观。

可能的话,尽早完成自己的原始积累

这个原始积累,并不一定局限于金钱,经商的可以理解为财富积累,走仕途的可以理解为升科上处,其实是一种资源的积累。踩在这个资源上,你可以登上人生另一个维度,看到更远的风景,获得更大的格局。

拿财富积累来说吧,月入一万和月入十万的差别,绝对不只是十倍收入差距那么简单。因为在以"财富"为尺度的衡量下,很多无形东西的价值也会成倍地放大。第一,你会更加吝惜自己的时间,通俗点说,时间变得更值钱了。按照经济学的话说,投入和产出比相符,才会幸福。现在时间的价值放大了,期待一定会更高。所以才有资格说把时间"浪费"或"虚度"在美好的事物上,正是因为时间的价值成本,这些美好的事物才会显得真的很贵。不够富裕,会消耗一个人的时间和精力,容易局限在生存的格局里,导致眼光不够长远,也是事实。财富的快速积累,可以更快地到达自己原有圈子的那条外围线,上升一个维度。以前看到的是工资收入,现在玩的是资本投资;以前思考战术方面的执行,现在更多考虑战略的调整。

论财富的多少和人生幸福的关系,世俗的人在呐喊,说要哭也要在宝马车里哭;文艺的人在摇头,说其实并无多大关系。但可以确定的是,财富会让人更独立,更丰富,更自由。

比如我现在扮演的香港保险理财、海外教育、自媒体等几个角色,保险理财的业务不错,收入也稳定,维持目前还算体面的生活;海外教育是个人理想,因为没有一定要短期赢利的生存压力,就不需要急功近利,可以精耕细作,做好口碑,做好品牌;至于自媒体,就更不需要做商业化的考虑了,是自己一个丰富独立的精神世界。有多少自媒体和公众号,一开始还在卖情怀,之后就画风一转,风风火火搞代购了?倒不是说这样一定不好,都是为了生存,谁都不容易,只是，觉得有些可惜。

一直在说原始积累的重要性，还有一个关键词，就是"尽早"。这里不谈急功近利，也不扯什么厚积薄发。我的体会是，人生在同一个维度下待太久，真的不是什么好事。在固有的圈子下，其实达不到"厚积"，某种程度上，这和温水煮青蛙并没有太大区别。撕裂般的成长也许痛苦，却能迅速吸收能量，看似在跨界，其实是重生。iPhone 每年都要更新一次，何况人生。又想提那句咨询界的老口号了——up or out（晋升或出局）。这种制度是残酷的，却也是必需的。老升不上去，对自己，对公司都是不利的。

越来越相信一句话：从 0 到 1 是慢的，但从 1 到 n 就很快了。这句话适用于很多场合。而原始积累就是从 0 到 1 的过程。这一步是难的，但在快速更迭的时代，知识的差价只会越来越大，所以我们真的需要走得快一些。

论提高审美的重要性

审美能力有多重要呢？太重要了。审美能力有多缺呢？太缺了。

自己在国内当了几年老师，发现国内中小学的教育中，强调了太多"学好数理化，走遍天下都不怕"，到后来外语等学科开始热门。但是，几乎没有美学教育。学校统一的发型和毫无设计感的宽大校服，简直把青少年的美学启蒙扼杀在萌芽里。

蔡元培校长一直在奔走呼喊美学教育的重要性，真的很有道理。

美学的概念很抽象，它的外在形式是品位、修养，对这个世界更丰富和高层次的认知，以及给别人更舒服的感觉。他们会注意自己的穿着，不必多贵，却懂搭配，追求质感，注重细节；他们不会不修边幅，因为无法接受粗糙的自己，以及在别人心里留下的负面印象；他们会把自己活成一首诗或者一幅画，浓艳或是素雅，有自己的风格；他们会克制自己的表现，更尊重别人，越是有才，越是谦虚；有较好的美感的人，他们的眼神，充满了灵气和故事。说白了，现在真正缺钱的人并不多，缺的是有高层次审美的人。家财万贯和八块腹肌，还真不好说谁更有吸引力。在未来，大家可能会更多唯心，更少唯物。审美能力，是品质生活的底色。

上一段感觉有鸡汤之嫌，再拿自己举个例子吧。我在上海外滩办了一次自己的读者分享交流沙龙（这里真心再次感谢那天冒雨前来的小伙伴们，内心暖暖的）。作为狮子座的我一直有着处女座的焦虑：希望整个活动档次是高的，品位是有的，腔调是足的，细节是没什么挑剔的。于是想着衣服应该怎么搭配算是正确，PPT怎么呈现才是到位，摄影摄像怎么布光才是和谐，活动流程怎么设计才是用户体验最好，等等。

都是审美的学问，太有挑战了。

这就像是木桶理论，只有各个板面都做好了，整个活动才算好。其中任何一个细节有短板，就拉低了整个气质，回馈一句，也就那样而已。

现在反思那次活动，真心感到自己有好多环节做得很粗糙。很多东西，真正要用了，才感到匮乏，需要长期的修炼。

尽可能用文字表达一些东西

这个世界越来越快，以后只会更快，不幸的是，这意味着被遗忘得也更快。没有什么是不朽的，过了这一站，我们便不再见面。会说的人越来越多，会写的人越来越少。因为这是一个碎片化的时代，所以140字的微博取代了博客；所以厚厚的经典的著作注定越来越难卖；所以两个小时能更多次让观众又哭又笑的电影一般能大卖；所以一篇文章标题的重要性，有时甚至超过内容。

但是，文字的表达，在这个时代，才更彰显其价值。第一，文字能留存。说过的话，下一秒飘散在空气中，不能累计；文字不同，它一直在那儿，安静着。十篇文字，展现一套思想；二十篇文字，塑造一个形象；五十篇文字，记录一场岁月。文字是个人品牌最好的背书，胜过肩挎名牌包包，胜过手戴百达翡丽。第二，文字更考验逻辑和条理。会写字的人，看世界更加细腻，看人性更加通透，直击内心的文字的前提一定是入微的观察和理解。

只要不是用写作来谋生，对于任何行业，能用好的文字表达，一般都会给其职业带来意想不到的收获。

/ Chapter 1 / 职场上,哪有什么"稳定"

咨询行业的人生职能

做咨询的有个说法叫——up or out。
意思是如果你做了一段时间还不能提升的话,就要走人了。

你喜欢一座城市,也许是因为她繁华的夜景,地道的美食,甚至是她牵动世界的脉搏。但只有这座城市的人,才能成为你真正爱上她的理由。因为在不经意的转角,你会看见原来那些只出现在媒体上、书上,或者只在你脑海里想象的人,也许就出现在你的生活里,以惊艳的姿态,和你问好。

由于刚租了房子,需要添置家具,偶然在会所里的公告栏上看到有出让家具的信息,便试着打电话过去问可否看下家具,对方嗓音清亮精神又不失温软,我们约在晚上九点她下班后在她家楼下见面。
那一刻我不会想到,我见到的将会是心中一直幻想的女神级的人物。
见到她的时候她向我道歉,因为工作忙来晚了。然后她就领我上楼,她声音有穿透力,脸上似乎一直透着开心的明亮,眼神干净有故事,举手投足间散发出女性的优雅和真实。和她聊天很舒服,但同时也能隐约感受到她内在的气场和能量。一个可以独自承担两万多月租的人,应该有着不一样的职业吧。终于聊着聊着,我问起她的职业。

她笑着说:"我是 consultant,做咨询的。"

我心里顿时一亮。我一直觉得很神秘却没有机会认识的有两类人,除了做投行的,就是做咨询的了。

"哪个咨询公司的?"

"BCG(Boston Consulting Group,波士顿咨询公司),你可能没有听说过。"

怎么可能没有听说过呢,BCG 和 McKinsey(麦肯锡)是我心目中最好的两家咨询公司好么?我没吃过猪肉,但还是见过猪跑的。

接下来的时间,我已经完全忘记了来她家的初衷,只剩下关于咨询界的各种传闻和眼前的这个女孩,不,是女人——她简直就是我的自由女神啊,头上顶着七彩的光环,亮瞎我双眼。

她叫 Michelle,在国内上大学,工作两年后去国外念 MBA,然后在国外一家公司就职,三年前被猎头看中,被引荐到香港,加入波士顿咨询。这简直就是经典的咨询职业生涯路线。

/ Chapter 1 /　职场上，哪有什么"稳定"

由于她近期工作重心在上海，我厚着脸皮执意要和她一起去比较平民的地方吃个饭——请原谅米其林三星餐厅我是真心请不起的。

她咯咯笑着说："好呀。"

第二天我们在附近的一家港式餐厅吃饭，她一直都没有架子，穿着有一种不经修饰的随意，说话也特别真实。她说自己是误打误撞地进了咨询行业，其实她并不是太热衷于咨询业的工作方式，用她的话说，她想活得更轻松些。

她说自己经常工作到晚上十一二点才下班，而且还算是早的，很多同事会通宵做项目，她笑着说自己还算适合做咨询，因为身体素质还可以。

她说做咨询排计划表经常只能排到一个星期之内，因为你都不知道下个星期在哪里。"所以我经常周五回到香港，在香港过个周末而已。"

我说那你的人生岂不是很丰富了？她笑着说，"是呀，有点丰富过头了，所以现在想安定下来。"

我问她咨询业的职业规划是什么样的。

"做咨询的有个说法叫——up or out，意思是如果你做了一段时间还不能提升的话，就要走人了，每年 BCG 都会有 10% ~ 20% 的淘汰率，离开的人可能去一些二流的咨询公司，或者转行，不过做过咨询的人工作还是好找的，因为懂的比较多。"

她说话的语气依旧明亮温软,听的人脑海里却是一片腥风血雨……

我说那你岂不是很厉害。

"可能我运气好吧,哈哈。"

她说得很轻松,但我相信,生活,只有对内心率真而强大的人才是轻喜剧。

之后我帮她搬运了一些要带走的箱子,她留下了好多带不走的品质高端的家用品,替我省了好多钱和心思(好人一生平安)。尤其是一把从纽约买来的具有艺术气质的椅子,跟着她从纽约来到香港,很有纪念意义。她说这把椅子有历史感,我说我会续写传奇,哈哈哈。

也许这就是香港的一个魅力,虽然住的地方就比内地家里的厕所稍微大一点而且租金还贵;虽然每天吃的一般都是鸡排猪扒鸡腿叉烧而且还贵,逼得自己只能在家开火;虽然每天去上班或上学的地方要转几次车暴走好几站还得顶着低纬度的高温——虽然这个城市中生活着各种辛苦矛盾和挣扎,你一遍遍地抱怨这个那个,但是很多人终究没有离开……

因为这个城市又太有意思,她孕育着你看得到或看不到的无限可能性,你不知道下一秒出现在电梯口和你打招呼的人来自哪个国度,你不知道你身边的邻居一直过着你想过却从来没有接触到的生活,你甚至都没有意识到给你上课的老师或身边的同事是来自你一直神往的全球顶尖学府——同时你也看不明朗自己的未来有多少可能性，蓝图究竟有多大。

你能做的，也许是凭着努力和坚持，在看不到未来的今天，坚信可以到达明天，在这个每天都上演着不同戏码的城市，相信终有一天，可以用轻松而美好的口吻谈笑自己的人生。

外行人眼中的咨询世界

他们经过看过的案例多,而积累的行业经验和战略眼光,恰恰是纯粹搞实体企业的人所无法逾越的瓶颈,也就是说,他们看到的天空更大。

一直不明白,市面上讲金融的电影不少,说咨询的却几乎没有。

金融业影视作品中,尤其描写投行类的,一抓一大把,可能是因为这个行业黑暗元素比较齐全——金钱和肉体,信任和欺骗,正义与利益,人性与诱惑。所以才会有《华尔街之狼》里莱昂纳多一掷千金给自己的女友买了游艇还嘚瑟以女友名字命名;《金钱永不眠》里道格拉斯出狱后又开始呼风唤雨坑蒙拐骗;《利益风暴》(又名《商海通牒》)里凯文·史派西要趁着大众还没发现真相之前,把手头垃圾的金融衍生品吹嘘忽悠给下一个接盘的人,保全自己,别人却破产。

说白了,电影里金融只是个载体,而钱、性和欲望的交织才是卖点,不断挑逗着大众敏感的神经,时不时冲击着内心脆弱的防线。

但是,却鲜有看到讲咨询的影视作品。

倒是有一部美剧叫《谎言堂》,但唐·钱德尔看着就是一张老实巴交的好人脸,再加上一副炮灰气质,好像随时都准备替老大挡子弹下一秒就要挂掉的模样,怎么看怎么不像是搞咨询的啊。脑海里做咨询人的形象应该是《在云端》里的乔治·克鲁尼,或者是《法官老爹》里面的小罗伯特·唐尼啊。是吧?

难道因为咨询业单调么?因为咨询的工作方式枯燥么?

来港后,对于咨询的热情再一次被点燃。虽然过不上咨询的生活,我看咨询的书总行吧?M建议说看就要看英文版的,这样才能了解行业术语,然后抛来一个鄙视的眼神:"你不是学英文的么,看什么中文版的呀?"

这怎么能忍?于是在网上下载了《麦肯锡思维》《麦肯锡方法》《麦肯锡工具》三本书的英文版。好在写书的哥们儿不是学者出身,基本上是用口语在写作,比起以前看的文献类轻松不少。

粗粗看完后,脑子里就一个感觉:书里讲了一堆正确的废话。

比如书里提到的 MECE(Mutually Exclusive Collectively Exhaustive)分析法讲的不就是把大问题分解成几

个小问题，大目标分解成小目标么？

书里教你如何做一个有效的会谈或报告的技巧不就是我们学的认知心理学和行为心理学么。

还有如何建立解决方案和制定步骤什么的，怎么看怎么像当今流行的大数据分析啊。

最后得出的结论是，要么就是我没看到真正的咨询好书，或者写书和真正做事本来就是两回事。

比起这个，更困惑我的是——咨询公司，尤其是麦肯锡或波士顿这种食物链顶层的，大部分工作是帮企业，也就是它们的客户，解决企业无法解决的真正问题，比如公司的赢利瓶颈，公司未来战略，或者最近很火的传统企业的互联网转型，O2O，等等。你说人家在这个行业干了好几年都没想出办法，结果一帮没有办过企业、没有实战经验的咨询空降兵，在企业内部一顿捯饬，调研采访，提出假设，在几个月内就知道企业内部的问题，并拿出一套切实有效的方法战略，告诉你应该这么做就可以让利润提高多少个百分点什么的。然后以一个问题解决者的身份，拿走百千万的咨询费。

不禁感慨——凭什么啊？

想起有档有节操无情怀的女性类脱口秀的广告宣传语：我经过见过的男人多，我讲给你听；我经过看过的事情多，我演给你看。

套用到咨询业，是不是可以理解为——他们经过看过的案例多，而积累的行业经验和战略眼光，恰恰是纯粹搞实体企业的人所无法逾越的瓶颈？也就是说，他们看到的天空更大。

企业和公司不惜花大价钱买他们的时间和智慧，因为他们真的很值得。

说起咨询的工作方式，乔治·克鲁尼演的 Ryan 在《在云端》讲自己生活的那句反讽的台词我觉得诠释得最好：

All the things you hate about traveling……are warm reminders that I'm home.

（旅行中可能不喜欢的所有事物……都给我带来家的温暖。）

他们手机日历里有满满的计划表，却不知道自己会突然被派去哪里。有时候旅行箱都不需要打开，就飞往下个城市。白天开完各种会做完报告，来不及小憩一下就匆匆赶往机场。飞机频繁的晚点带不起任何情绪的反应，只有麻木而娴熟地打开电脑继续办公。经常是夜晚凌晨的航班，在出租车里差点睡着，半眯着眼睛，看到远处喜来登酒店越来越近的红色"S"logo，你感到亲切，也许这是在这个城市唯一的熟悉。酒店里有泳池 SPA 和健身馆，而你没有时间享用，一个人在房间里打一通又一通的咨询电话和回复着比微信聊天消息还频繁的 E-mail——身体被行程推着走，不愿思考下一站，只想好好睡一觉。

M 说，平时听到很多男人在抱怨自己工作多累时，她只有无语地在心里苦笑一下。

很多人羡慕他们天天飞得好洒脱，只有他们自己知道双脚多么渴望接触下面的土地。

但即使是这样，谁也不能保证你不会出局。

咨询界 up or out 的企业制度一方面提供了相对更加公平和快速的晋升平台，却也带来无时无刻不在的职业风险，从最底层的经理到顶层的合伙人，没有完成任务指标，或者项目几次失败了，都可能要做好卷铺盖走人的准备，哪怕你的项目之前一直都很好。

如果你很聪明，就证明给大家看，并且要一直聪明下去。

有时候会想在内地的事业编制和公务员编制的体制内的小伙伴们，当你抱怨工作太稳定，才华被埋没的时候，不妨问自己两个问题：第一，你有一颗强大的内心来承受随时可能被炒鱿鱼的准备么？第二，你扪心自问以你的能力真的可以在外面这个残酷的世界里存活下去么？

而更残酷的是，现在所谓的"铁饭碗"概念也渐渐被打破，所谓稳定职业的行业风险也越来越大。大公司的组织结构在崩坏边缘，一个行业说颠覆就被颠覆。"稳定"这个词应该不属于这个时代吧。

这确实是一个最好的时代，也是一个最坏的时代。

因为在这个时代，没有人绝对安全。

/ Chapter 1 / 职场上,哪有什么"稳定"

麦肯锡想招什么样的人

麦肯锡需要员工具备解决问题的能力,这是大前提。

前几天有幸和负责麦肯锡中国区招聘的 Mike 聊了聊。两个世界,两个时间,两个空间,根本不在同一维度的两个人,居然还有共同的朋友肖老板,感慨世界太小,缘分太妙。几句寒暄之后,他透露了麦肯锡对应聘者素质的一些要求,说白了,就是麦肯锡想招什么样的人。我一听来劲了,说你别着急,我准备下!

然后特别殷勤地打开笔记本,正襟危坐,眼里散发着求知若渴的光,等待着被智慧的金水沐浴灵魂;嘴角差点流出口水,仿佛下一秒就要去咬那一根智慧的骨头;十个指头上下微弹着键盘,做着热身,仿佛百米冲刺的运动员,等待着枪响,迫不及待要在键盘上敲出最睿智的金句。

那状态,整一年研究生听课也没么认真过。

Mike 在电话那头,嗓门一出就收不住,语速飞快,思维跳跃又逻辑缜密,也不知道是被麦肯锡训练出来的还是天赋异禀，好像穿着精致华服的CBD金领，手上拿着咖啡，脚步飞快而优雅，咖啡还能不洒出半滴。

对，就是这种感觉。

而我在这头也是噼里啪啦，群指乱舞，键盘被敲得又脆又响，那一刻，真是最动听的节奏。

好吧，扯远了，那么他讲了些什么呢？我做了些笔记，加上临时的记忆碎片的整理，配上自己拙劣的语句串联，大概是下面这几个意思，只需意会，无须较真。

具有企业家精神（Entrepreneurship）

这个词很大，听着又抽象又空洞。什么是企业家精神呢，说白了就是开拓进取的精神。不怕脏不怕累，不退缩不胆怯，不达目的不罢休。麦肯锡作为全球最有名的咨询公司之一，就是要帮助企业在短时间内找出毛病，提供策略，解决问题。中间肯定会碰上很多问题，沟通上的、执行上的、方案上的；对身体和脑力都是巨大的考验和摧残，需要有企业家精神那般百折不挠的毅力。

领导力（Leadership）

不仅是麦肯锡，其实咨询业的项目，都是一个团队一起完成的，不可能单打独斗自己做项目。在团队合作的过程中，能不能人尽其用，激发团队士气，凝聚向心力，监督工作，如何赏如何罚，都是考验领导艺术的。即使还不是项目负责人，也要用领导的思维想问题，因为以后总要独立负责项目的，除非走人了或者一直升不上去。团队不行，项目做不出甲方要求的方案或者效率不高，作为团队领导者就有职业污点记录了。以后需要很长的时间和业绩才能慢慢洗白，或者，干脆没机会洗白了。

其实这两点我听完后并不大感冒，现在企业发展论坛，甭管什么博鳌和亚太，是个企业家，张口闭口就是我们不仅仅是要赚钱，更重要的是要有企业家精神；顶级名校在宣讲会招生的时候，一定说我们要招的学生不仅学习要好，我们更看重的是个人的领导力（其实还可以看他老子给学校捐了多少美金）；留学写个人陈述的时候，必然是要写我不仅是个学霸，我还是个有领导力的人哦。虽然听腻了说烂了，外企招聘还确实希望你在简历上能突出这两方面的素质。

个人影响力（Personal impact）

怎么体现个人影响力呢？比如你能否和客户进行有效的沟通，让他们能理解甚至为你的想法付费，俗话说就是communication skills，也就是沟通技巧；你能否用你的个人魅力整合你想要的资源，推动项目的进程。

解决问题的能力（Problem solving）

这三个能力之下，有一个最重要的基础，也就是大前提，就是看你有没有解决问题的能力。

什么叫作解决问题的能力呢？这又是一个高度抽象化的概念。

就是你有没有整体感和细节感，或者叫大局观和微观，能把看似不关联的东西串在一起，观察到别人没有看到的景象，找到问题和答案之间别人没注意的通道，解决问题。

听着有些哲学和形而上，但又觉着是这么回事，难怪进咨询公司的人的一个大前提就是要——够聪明。

We don't truly care what your background is, but you've got to be very smart.

（我们并不真正介意你的背景，但是你一定要足够聪明。）

其实Mike讲的那几个素质，我听着特别耳熟，去年上个学期我特别热忱地读了麦肯锡员工写的《麦肯锡思维》《麦肯锡方法》《麦肯锡工具》三本姊妹书，里面也大量提到了麦肯锡人解决问题的思维方式，说麦肯锡人最明显的特质就是，他们看待眼前和周围的世界都是有问题的，老想着怎么去解决；他们吃饭的时候会想着餐厅应该怎么运营才能提高翻台率，增加利润，控制成本；比如看一本杂志说某个航空公司亏损了，他们就会有一套模型去分析为什么和怎么办，如何增加利润，控制成本；在商场洗手间排队的时候就会想着如何分散人流，增加蹲位，提高使用效率。

好像这样可以训练出解决问题的思维和能力——有篇文章说,做咨询的人都是偏执狂。

也不全是,我认识的都特别正常,特别健康,他们只是比我们大脑更加聪明,工作更加认真而已。

比你聪明的人比你更努力,你还原地踏步吗?

那套姊妹书里还讲了一些特别有意思的理论,比如说它里面讲到麦肯锡 how to sell without selling(如何无招胜有招)是怎么做客户的。

We don't go out to knock on doors. We wait for the phone to ring. Not because we sell, but because we market.

(我们从来不去敲客户的门。我们只等着电话铃响。因为我们不叫卖,我们是在做市场。)

一个是买方市场,一个是卖方市场。真正厉害的,就是明明是乙方,却拥有甲方的姿态、气场和实力。

书里还有一句话我印象深刻。

Consulting isn't about analysis; it's about insights.

(咨询不是分析而已,而是洞察力。)

我信，是的，就是洞察力，如老鹰一样敏锐地观察身边的世界。买咨询公司人的时间是很贵的，买的就是与别人不一样的洞察力，也就是英文里常说的：

Think outside of the box.

（创造性思考，打破常规。）

我也许不会成为一个咨询公司的人，但希望自己有一颗咨询的头脑和偏执狂的心。

/ Chapter 1 / 职场上，哪有什么"稳定"

为什么我身边的高管朋友都出来创业了

大咖出来创业是这个时代的必然性，但并不一定适用普通大众。在互联网时代，所有的资源都会向他们靠拢，他们的价值会因为互联网而呈几何倍数的放大。

十一月的香港，今夜才觉得是这个季节应有的寒意，衬衫外面套件西服，正合适。

晚上七点，Effie 刚刚下班，我们离开灯光还亮敞着的办公大楼，穿过湾仔特有的红灯区，上二楼告士打道的一家湘菜馆，里面依然拥挤，依然喧哗，依然热气腾腾。

距离上一次见面，有四个半月了，那时还是夏天。我们一边吃饭，一边相互汇报着近况，她突然和我说：我下个月就离开华润，辞职了。

我又一次诧异，"真的假的，准备去做什么？"

"一家互联网金融公司，CEO 是我的狐朋狗友，希望我过去和他一起做。"她显得很淡定。

这是过去三个月来，第三位我身边的商业高管大咖，离开带着光环的职业和薪水，挽起袖子开始创业了。

第一位是 Mike，麦肯锡的资深 HR，负责整个中国区的招聘，之前在摩根士丹利工作。今年九月份的时候，还在上海麦肯锡的员工餐厅一起吃饭，我和他说："Mike，像你这种资质的 HR，这么熟悉职场招聘素质和职业规划，全中国得有多少人希望能听到你的职场分享和指点呀？你知道我这次能和你吃这顿饭，感到多荣幸么！"

他哈哈大笑说，是么，别别别，没那么夸张。

而我在上海举行读者分享会，分享会前一周给他打电话，问他在不在上海，想邀请他做嘉宾，他说，他现在已经离开麦肯锡，自己出来做了。

太突然了。

第二位是 Sharon，芝加哥商学院 MBA，科尔尼咨询的高管，后被冯唐团队挖来，一路做到了总监。前段时间也突然和我说她准备辞职了，现在自己带着孩子，做海外教育留学，还成了我的商业合作伙伴。我真是受宠若惊，只记得那天港岛的阳光，特别美好。

再到如今的 Effie。他们职业轨迹的突然改变，让我思维混乱，没法招架。因为我当年渴望的，就是成为像他们这样的人。

我问 Effie——为什么？

"可能，觉得自己还没老吧，还能折腾下。"她耸耸肩，眯着眼睛笑笑，"我们上次见面，是在七月份吧，这四个半月，你觉得过得怎么样？"

"还确实挺充实的，感觉每过两个月，就和以前有些不一样了。"

"对呀，但我过的是差不多一样的呀，还是忙那些事。虽然看起来好像光鲜，但是我知道，是时候改变了。"

好像这个理由还不能说服我，"那你薪水呢，你现在一年已经是这样的薪水了，他们能给更多不成？"

"也没有降薪水啦，但是，我拿期权。"

果然是期权，投资未来。

创业，真的是这个时代的 G 点。

从离开高盛投身滴滴打车的柳青，到前段时间又一个离开央视转向互联网投资的张泉灵，一个个大咖华丽转身，我也许并没有多大感觉，毕竟这是一个新时代，呼唤英雄，需要偶像。但是这段时间身边朋友也这样一个个弃船游泳了，确实让我思考现象背后的逻辑和普世性。

毕竟，高潮过后，并不一定收获满足，也许是失望呢。

大咖出来创业是这个时代的必然性，但并不一定适用于普通大众。

互联网最明显的两个特征就是即时性和全球性，你的一个声音,上了互联网的光速公路,理论上下一秒就可以被全球所有人听到。这是无与伦比的传播效率,但也带来问题,声音太多了,太容易被埋没。"每个人都是自己的品牌",没错,但是当每个人都是品牌的时候,其实就没有品牌了。人们的注意力被大大分散,精力有限的情况下,一定会选择那些有光环、有内容、有干货、值得关注的人和事。

于是乎,那些背景闪亮、知名度高、有能力的高管或大咖们,这个时代所有的资源都会向他们靠拢,他们的价值会因为互联网而呈几何倍数的放大,无可避免地会把他们推上舞台。

他们是被历史选中的。

大咖们这个时候选择出来创业,当然不是说他们之前的平台不好,他们已经到达万人仰视的高度,已经是人生赢家了。而且之前"高大上"的平台已经为他们形成了一股巨大的势能;而互联网,只是打开了那扇泄洪的闸门。

而对于我们普通人,虽然这个时代在提倡"大众创业,万众创新",但是,忍不住泼个冷水哈,大咖们多半会起来,普通人多半会被淹没;我们的生活,可以做小创新,但是,还是尽量别做大手术。人家辞职是有资本的,每一笔账都算得清清楚楚。

另外,我算是现场见证了,这些高管们真是一批执行力超强的人。

很赞同那个理念,"互联网时代,三个月就是一年,七年就是一生"。后半句是李笑来老师说的。

很多事情,你如果想明白了,不立马做,就一定会损失一开始的红利期,蓝海会迅速变成红海。很多公司倒了,并不是它们的产品不好,而是跑得太慢了。比如,微信公众账号的红利期都已经快关闭了,你才想到开一个写起来。

对不起,不是你不好,只是你来晚了。

所以很多事情并不是完全准备好了才去做,一方面时间真的来不及,而另一方面,说白了,永远没有完全准备好的时候的,别骗自己了,好吗?

正如我又问 Effie:"但你是搞咨询和投资的呀,互联网金融,好像和你的经验也不是很配对呀。"

她说了她的一套逻辑:"我会认为能力比经验更重要。有能力的人,会马上学习,弥补经验的不足;相反,只有经验却能力差的人,容易产生偏见和固执,并不一定是好事。"

为什么他们会成为行业的高管和大咖,不是没有原因的。对趋势的预测远远大于对专业的执着,即使不能成为风口浪尖上的人,也会顺应浪潮而动。

饭后,散步回家,分开的时候,我说:"Effie,你真的是蛮有勇气的。"

"没有啦,那你当年不也从体制内出来了么,哈哈。"

我们各自散去,我坐在双层巴士的上层,望着这座丛林般的城市,和不夜的灯火。

香港的楼很高,但遮不住蠢蠢欲动的心。

/ Chapter 1 /　职场上，哪有什么"稳定"

当时间越来越不够用的时候

吴晓波说：我的时间是很贵的，要浪费在美好的事物上。

如今自己做着香港投资理财和海外教育两个项目，面对的都是整个中华区——巨大的市场和竞争。每天的行程愈发充实，愈发感到时间的匮乏。把时间当作一个项目，砍掉成本，提高使用效用，时间的精细化管理，已经上升为自己最在意的问题。

时间，是这个时代，最大的匮乏。

移动互联网时代，有个达成共识的理论，叫作"三个月就是一年"。发现一片新兴的市场空白，迅速开始布局，拉天使，给补贴，A轮B轮C轮开始疯狂烧钱，比钱谁烧得猛，烧得快，烧出一片全民狂欢的新用户习惯。投资人说，当时滴滴和快的在烧钱抢市场，最癫狂的时候，每天平均要烧掉一个亿，心在流血，肝在颤。

看懂了商业模式，接下来就是和时间的疯狂赛跑，谁最快时间跑过终点，宣布已经拿下行业用户数量第一，或拿到60%的用户量的时候，游戏已经结束，其他资本撤场，留下一地鸡毛。

一场零和游戏，烧着真金白银，只为换来宝贵的时间差价。

这个世界变得越来越精彩，互联网商业这般厮杀，目的都是为了换取用户宝贵的注意力，也就是关注的时间。

所以事业虽然还在做加法，人生开始做减法，说拒绝的次数开始比点头答应的多；开始放弃那些无用的社交，留下几个爱好和兴趣，和几个懂你的人；有一两个圈子可以分享，时间就会缓慢；开始懂得，不用太花钱却花时间的事，可能才是最贵的，比如陪伴父母和爱人；开始理解，为什么陪伴是最长情的告白。

终究没有人真的可以成为多任务处理器，同时处理好几件事，我们的双眼只够盯一块屏幕，用 Command + Tab 键切换事件的界面——而已。

吴晓波说：我的时间是很贵的，要浪费在美好的事物上。他在上海的两个小时演讲，现场可以被几千人听到，在网络上被几十万的读者看到——这是他的时间的价格。

年纪大了，开始变得谨慎，甚至保守，因为越来越意识到,最大的成本,不是金钱成本、机会成本,而是时间成本——激进后,容易犯错。割了时间的眼袋,也回不到当初的模样。

"这是一个烧钱的时代,一旦走错就没法回头。因此战略正确太重要了,战略上有失误,战术上再怎么勤奋都无法弥补。"钱进说。

因为,再怎么勤奋都无法弥补的,除了战术外,更是在错误的方向上投入的时间。有些趋势的形成,就这么几年工夫,在正确的时间没有做正确的事情,等意识到开始掉转船头的时候,对不起,你之前航行的那片舒适的蓝海,已经变成了红海,四周全是和你一样的船只。

这样就太晚了,所以你承担不起犯错的成本。

梁东在他的文章里,写他师从台湾的漫画家蔡志忠先生,蔡志忠先生认为"时间是个微积分的过程。如果一个小时值10元的话,分成两个半个小时可能不值5元,4个15分钟连1元都不值,反过来看,连贯的10个小时已经价值几千万了"。他的这个时间累计理论,其实是指数级增长的价值倍增效应。

我特别认同蔡先生对于时间的解构,互联网时代,一天24小时,除去睡觉的整块时间,其他几乎都被社交工具和任务清单肢解,犹如一整块被击穿的玻璃,碎了一地。自己定期更新的公众号文章平台,最近更新的压力越来越大,因为写文章需要一整块的时间，一气呵成，思维和火花，以及内心的冲动在那一段时间的集中释放。新写的几篇文章，都是从香港飞上海，或者从大阪回香港的途中完成的。

万米高空，当一切社交都失灵，只能和窗外的白云为伴，或在寂寞的夜空，蜷在角落，写文字，和自己说话。

那一刻，置心一处，有生命短暂的稳定，体悟禅宗的自省，也许，能找到时间的归属。

电影《命中注定》里廖凡指着对面在修复艺术品建筑的人，对身边的汤唯说：日复一日，每天干着同样的事，得多有勇气呀。

修复建筑的人，也许也是在修复自己的内心，修炼自己安静的力量。既然是修炼，需要拿出最宝贝的东西，来做代价，除了时间，别无其他。几天，几月，几年，不断的轮回。有些东西，需要一辈子的时间去完成。

是不是一切伟大和感动的体验，都隐秘在高尚的重复里，注入了时间的精华，一次次把自己推向极致，至少，已经无法接受原来的粗糙感。

精神自虐的快感，如处女座般不可自拔。

/ Chapter 1 /　职场上，哪有什么"稳定"

一切没有解决方案的头脑风暴都是耍流氓

我不反对头脑风暴，但是我坚决反对不接地气的头脑风暴，这种虚胖的风暴过后，只会留下茫然和失望，和流逝的那段口水时间。

前段时间在网上看了一篇文章，标题是——不要拿我的时间头脑风暴，给我解决方案，好吗？

当时还没看内容，光看标题就觉得内心不能更同意啊。也想吐槽下，表示强烈支持。

你们有没有发现，和团队做项目，或者和合作伙伴聊方案，听到最多的句式就是：

"如果我们可以这么做……那就牛 × 了。"

"他们这样做是有问题的，因为……"

"我这边资源很好，一定可以……"

有些人满嘴跑火车，有些人方案乌托邦，有些人鸡蛋里挑骨头，一帮人唾沫横飞地意淫着共同构建的理想国。

在没有真正执行的那一刻前，说的都是废话。

大家都喜欢说，喜欢讨论，因为"说"没有成本，不用负责。"说"可以拿来秀智商、卖优越，其实和朋友圈里晒美好生活的，一个性质。而真实的生活，都是灰色的。

比如有些人说了一大堆的奇思妙想，说这个项目必须得拿天使轮和风投，A轮B轮开始融资烧钱，按现在这个市场行情，三年内必须上市！等一下，先别谈什么上市，你一份正儿八经的商业计划书会做么？

比如有些人说别的公司做的APP简直垃圾不能看，毫无审美可言。等一下，人家做得不好，你行你上啊，你怎么不做一个出来呢？

又比如有些人说别的团队的这个方案我之前也想到了，只是我当时太忙没有做。是啊，人家都已经做出来了，而你还在想。早干吗去了，你忙你有理啊。

现在世道，认真吹牛的人，多；踏实做事的人，少。有思想的人一抓一大把，有技能的人打着灯笼找不到。学历好多是MBA的，做个PPT缺乏基础审美。好像当今的股票市场和实体经济的关系，都在拥抱泡沫。

有人说，头脑风暴要伤筋动脑，也很辛苦。我不反对头脑风暴，但是我坚决反对不接地气的头脑风暴，这种虚胖的风暴过后，只会留下茫然和失望，和流逝的那段口水时间。

这种辛苦，属于假辛苦。

记得以前上高中的时候，当时的语文老师让我们写一篇作文，说做一件事，到底是更看重过程，还是更看重结果。当时很多同学都写到了过程比结果重要，只要努力就可以。好像说结果重要的，就显得很功利，很世俗。

不看重结果的努力，在我看来，那是文艺，是自欺欺人。这世上有多少人用所谓忙碌的状态来抚慰思想的懒惰。在职场做事，就是结果导向的好不好？就是那么功利。

还记得当时问过麦肯锡的 Mike，麦肯锡在招人的时候，很看重哪项能力。他说是"解决问题"的能力，就是说，真正提供有效的咨询建议，光有建议是不够的，关键是这个建议是否符合对方的现状，和执行的可能性。高昂的咨询费，不是花在口若悬河的建议上的，而是真正执行了这些建议，证明有效，提高了利润或业绩，是拿数字说话的。

所以团队一起做头脑风暴的时候，我一般会问下面三个问题。

第一，什么时候开始落实？

有些时候方案并不完美，但是时间紧迫，还是得挽起袖子，摸着石头过河，一边做一边调整。这其实没什么大不了的，总比想了各方面细节，最后连第一步都没有走出去要好。有多少次当初信誓旦旦地拍着胸脯，之后像什么事都没发生过一样。当开始着手做的时候，相当于车子终于发动了引擎，汽油开始冒烟了，时间和精力正儿八经花在上面了，才算数。

没有开始做之前，再精美的方案都是扯淡。

这里真的很佩服李笑来老师，今天刚说了一套别具创新的众筹方案，我都还没整明白意思，过了一段时间，他已经宣告顺利完成了。而且每天都能坚持写一篇公众号长文。这专注，这效率，为我等楷模，已经不是单纯人格的魅力就能解释了。

第二，把时间表列出来。

做项目的时候，一定要有 Time Table，就是所谓的时间表，这简直不能更重要。

有人说怎么实现一个宏伟目标的方法是：一定要把目标以时间为轴，拆分成一个个小目标。这么做有两个原因：（1）一个大目标，就像一团毛线，放在你面前，眼都晕了，脑都涨了，无从下手，容易被吓跑；（2）大的目标离你太遥远，可能需要漫长的时间来完成，容易泄气，坚持不到终点，因为人性是需要不断的刺激和回报奖赏的。一堂两个小时的课，新东方老师都知道每隔10分钟就要讲一个笑话刺激下同学即将游离的思绪。这是人性，必须要尊重。一个大目标拆分之后的好处在于：（1）会清晰地知道这段时间的焦点在哪里，指导现阶段的精力投入方向；（2）这段时间只要努力了，就可以获得清晰的结果，以及相应的回报和成就感，重新点燃疲惫的斗志。

第三，Deadline 是什么时候？

英文有句俗语：Deadline Miracle。意思是"截止日奇迹"，这是符合人性的。

因为大多数人都有拖延症，做项目这种费神费脑的事，能留到最后交最好了。不到最后，肾上腺不会分泌，神龙无法召唤。但是，说白了，很多事情，真正投入和专注做的时候，所花的时间，其实是比原来所设定需要的要少得多。换句话说，给三天和给一个星期，其实效果是一样的，甚至前者更有效率。

我团队做文案非常优秀的女孩，以前当我有一个项目或方案希望她做出来的时候，她经常的回复是"好的呀，我回头看看，这几天做出来"。

然后这几天，就不知道是几天了。直到有一次我和她发飙了——以后所有的方案，如果你觉得有困难，就不要先答应接下来，这样我就可以安排其他人做；如果你觉得可以做，就给我个截止日期，在那一时刻前必须做出来。不要因为一个人而耽误整个项目的进度。

我很喜欢听到这样的回复："这件事情我想想怎么弄，在明天下午 6 点前给你回复（或把方案初稿给你），可以吗？"

这才叫专业，听着踏实。

所以，公司花钱招你进来，不是来听你指出问题，而是要解决方案的。老板抛出的问题A，有人不能解决A，过不了多久就一定得走人；有人解决了A，觉得任务完成了，可以留下来；有人不仅解决了A，而且还提供了B和C，他不升职加薪，还有谁？

/ Chapter 2 /

天马行空的开始

/ Chapter 2 / 天马行空的开始

天马行空的开始

很多人往往只是看这个专业或行业的光环和看似繁华的结果，而忽视了自己是否真正对这个行业感兴趣，适合这个行业，是否有能力在这个行业做到专业。

开学的第一个星期，各种新鲜有趣。比如地铁和大巴的人一定是多的，不过大多是在睡觉和看手机。比如去上学是一定要暴走的，外面阳光灼热，被晒得像条热狗，总错以为还在西藏曝晒呢，进屋内十分钟后就恨不得加件长袖，里外冷热两重天。不禁感动，香港果然是个以人为本的好社会。

这个星期信息量较大，每天都要做一大堆的行程安排，和内地生活有着不同的充实。认识香港的人时，都会被问及同一个问题："你觉得香港怎么样？"

我总是回答："挺好的呀，因为在这里每天都是新鲜和不同的。"

确实，至少到目前为止，还是这个感受，感到每一寸皮肤的毛孔都在张开，触觉听觉视觉都变得灵敏，渴望扎进这个城市与她拥抱，渴望听到不同的嘈杂，渴望接触有意思的人。

先说说这里的学校吧。

离我住的地方比较近的大学有香港理工大学、香港中文大学、香港浸会大学和香港城市大学。而我去学校的途中会路过城大，因此去城大听课的机会比较多。城大是个不能多去的地方，尤其对于女孩，定力不足者慎入。城大就在九龙塘地铁中转站，整个"又一城商场"就是它的大门入口。想要去上学，就要穿过商场——是不是觉得有个巨大的阴谋？仅次于IFC（香港国际金融中心）的香港第二大苹果店还特地把店开在学校入口旁，近百个苹果员工统一着蓝色上衣，制服诱惑，生意爆好，仿佛，不，就是赤裸裸的勾引；CK从内裤到西服到便装三家店分别在商场一二三层。不一一列举，反正有各种知道和不知道的牌子。每次从城大门口出来，一商场的琳琅满目冲击着你的眼球，一定要问一下自己——你的梦想还在吗，你的钱包是不是更瘦了？

去年来过城大，当时没觉得这所大学有什么特别。但是今年发现一个亮点，就是它的AC3教学楼，主要供商科和MBA的教学之用，因为是刚刚建成，整幢楼现代感很强，里面的教室很新，自习室很多，冷气温度很舒服。我自己的课大多在晚上，而城大的商科课大多在白天，而且往往在早上九点就开始上课。所以这个星期我基本白天在城大听商科、市场营销、国际商务、公司法、人力资源管理、中国研究等等，不挑肥拣瘦，权当完善自身知识结构了。然后晚上在浸会学自己的专业课，也觉得颇有意思。这里不得不赞香港教育的开放性，学校或教授貌似也不介意别的学生来听课，不过前提是你要知道上课的时间和地点，这样会更有针对性。可惜，MBA 的课都必须得刷卡才能进，我就只能隔着玻璃门垂涎了。另外香港所有大学都给学生提供免费 Wi-Fi，感谢 Daniel 给我的城大 Wi-Fi 账号，让我可以在学校或者在听课时都能随时上网，很棒。

而浸会就在离城大不远处，走路十五分钟，也可坐"疯狂"的小巴去，五分钟就到校门口。浸会由于是老牌学校，硬件设施会相对较旧，但室内冷气的温度却比城大还低。当时还为学校的不够现代而小失望，但是听了一星期的课后，对于硬件和软件的关系，有了不一样想法。

关于这里的课程和教授。

因为新开学，只听了自己专业几个教授的课，印象最深的是 Dr. Vinton Poon，年龄不大，和他站一块，都分不出谁更老，好忧伤。华人面相，港大毕业，爱丁堡博士，具体专业不明。我原以为他资历较浅，可能水平有限。没想到他思维超快，英语语速更快，总觉得他在讲的时候，是大脑的发动机引擎要爆的节奏。枯燥的研究方法论被他讲得风生水起，火花四溅。相比于另外一个纯美国教授温文尔雅、酣酣入眠的节奏，他的课简直让人热血沸腾！有次和他课上交流，没过三招，思维就已经被甩出几条街，满地打滚。而且他讲到高兴的时候往往忘记了时间，忘了中间的休息时间，英文狂侃三个小时，我想他讲的内容用文字记录的话，每堂课都可以出本书了吧。

我开始觉得，学术能力的高低，和年龄好像也并不一定成正比。

而城大商科多为华人教授授课，一张脸也看不出来是内地的还是香港本地的。除了教中国商务的一个女教授用一口不太地道的北京话授课外，其他均是全英文。既然讲到全英文授课，不得不吐槽大多数本地教授英文不够流利的事实。不过他们讲着很标准的港式英文，哈哈，总觉得他们也无奈，毕竟班上会有一部分国际学生。如果换成粤语讲课，效果应该会更好吧。还好他们教的是商科，对英文要求也没那么高（果然是有比较才有感觉，顿时觉得自己专业教授的语言水平还是相当可以的了）。最有意思的当然是教授提问与学生互动环节，因为这是一堂课最有火花的时候。我这个旁听生还忍不住厚着脸皮参与了一把。有一次国际商务的课上，教授讲一个案例，突然问："Does anyone know Merrill Lynch？"台下肃静。我突然想到港岛的那幢美林证券大楼和前几年看的次贷危机的书，于是大言不惭地起身介绍了一些关于这个公司的概况及在2008年美国银行收购美林证券的事。课后有同学来问我有没有兴趣加入他们的项目小组——咳咳,额,咋整呢,我只能回答"我已经加入别的小组了"。

听了这些不同类型的课之后,我最大的体会是——其实很多专业课上的内容和你听之前所想,往往有很多错位,甚至学的东西可能根本不是你所想的那样。往深了说,你喜欢投行,但是你有可能不清楚投行到底要干什么,怎么干,做投行厉害的人往往是数学系的,而不是学金融出来的。很多人往往只是看这个专业或行业的光环和看似繁华的结果,而忽视了自己是否真正对这个行业感兴趣,适合这个行业,是否有能力在这个行业做到专业。而选错专业其实是最浪费和痛苦的事情。人最难的就是认识自己,知道自己的优势和劣势,选自己擅长的行业领域,会更容易成功,自己也会收获更多快乐。而我自己就还在处于调焦的过程中。

感觉还有好多要说。先留着吧,路还长着呢。

管好自己的身体和时间

利用好碎片化的时间,就可以留出整块时间来做更需要投入的事情。

iPhone 6 上市的广告语是"Bigger than bigger",如果香港这座城市也有一句广告语的话,我想借用苹果的这个句型应该不错,但需要换个名词——Faster than faster。在这样一个快节奏的城市,如何以优雅的姿态走出在这个城市的从容,不太容易。但如果能做好自己的时间和身体管理,那么至少在这个城市不会显得太仓促和狼狈。

时间管理

在香港,能否做好时间管理直接关系到你的生活是有条不紊还是凌乱不堪。这个城市有太多的美食等你去品尝,有太多有意思的活动勾引你去猎奇。有不同主题的讲座来拓宽你的眼界,有各路名人大师在这里留下足迹和故事。你很久以前读过马家辉的《死在这里也不错》,结果他在离你十分

Chapter 2　天马行空的开始

钟路程的一个学校授课；你不久前刚读了闾丘露薇的《不分东西》，结果发现她每周一晚就在你隔壁的那幢传媒楼里教书。以前只能阅读着他们的文字或者看着他们在屏幕里的样子，而现在他们就活生生地在你面前和你分享有意思的经历和段子，你和他们聊天，他们和你说笑。课上是师生，课后像朋友，像梦一样，不能更美好。

　　有些扯远了，我要说的是，这个城市有太多的事情来消费你的时间，而且不管是去中国的澳门、台湾地区，还是泰国、新加坡等国家都很方便和便宜，哪怕你在这里不读书，只要你有钱，或者知道各种活动信息，完全可以在这里过得很充实不无聊。是的，这里的每一天都是全新和不同的。

　　但是，这边的学业压力也不是水的。如果你对自己的成绩有要求的话，要看要写的东西很多，而且自身的英语功底还要好。朋友圈里面总有那么几天被小伙伴们的作业太多咆哮体刷屏，这个怨不能再爱了，那个哭还我自由，前天一同学因为通宵赶作业，结果直接倒下去医院了。我说妹子你这也太夸张了，她说哥我真来不及啊。

　　所以市面上代写论文和作业能成为一个成熟的产业，确实是有肥沃的市场土壤的。

　　开始养成在笔记本电脑的日历上安排计划的习惯，因为活动太多，大脑总会不好使。于是记下这周六要上交哪个作业，下周二要去听谁谁的讲座或者参加什么活动，周四晚上约了和谁一起吃饭，等等。写得越细越好，而且要提前设好闹钟提醒。因为真的会忘记。某天我就是因为当时忘了记下来而错过了梁文道和陈丹青的分享会，特别遗憾。

还有一个很重要的能力，就是要利用碎片化时间。

在我家乡浙江象山，大家都有车，开个车五分钟就到单位了。整个美食社交娱乐圈都在十五分钟车程内，所以没有太多碎片化时间的概念。香港这个地方说大不大，说小也不小。从家里出发去学校一般都要坐几站地铁或巴士，再走几步路，至少半个小时。偶尔去稍远一点有意思的餐厅吃饭，或者约朋友在哪个地方见面，都需要花不少时间在路上。所以如果能利用好这些碎片化的时间，就可以留出整块时间来做更需要投入的事情。

现在基本上处于整块的时间献给写作业、看文献、上课。而在坐地铁的时间里可以用手机回复一份简单的 E-mail，或在 iBook 上看一章《平台战略》；健身的时候听一段 FM，白天用来打鸡血，晚上用来助睡眠。如今太多的社交媒体和 APP 犹如时间的搅碎机，碎片化我们时间的同时又提供很多干货来丰富这些碎片化。有时候自己都分不清楚哪个时间才更有意义。

身体管理

在香港，锻炼身体是必不可少的。而且不是出于意愿，而是必须。首先是因为每天坐在教室里听老师狂侃三个小时，都是对身心的摧残。而且随着越来越多课外作业来袭，泡图书馆已经成为家常便饭。问我在哪里，不是图书馆，就是去图书馆的路上。

所以不运动的话，一天下来浑身关节都僵硬了，屁股都被坐平不翘了，整个人都不好了。

还有一个原因是香港的型男太多，又高又瘦，有着刀削一样的侧脸，闪过你身边，犹如一道光，留下销魂的背影。尤其在港岛，配着一身帅气的西服或衬衫，他们的脸就像他们的头发一样精神冷酷。然后再看看手机屏幕里的自己，圆滚滚的身材，刀削面一样的侧脸，不修边幅的妆容……

十年前我是一个又轻又薄的小男孩，十年后成了又厚又重的老男人。一个朋友看到我和我说：

"我觉得你不像是高端商务人士。"

我反问："哦，你是说我不够商务么？"

"不，我觉得你不够高端。"

……

还有什么理由继续堕落。

减肥无非两条，管住嘴，迈开腿。在香港这个美食之都，虽然没有我家乡"大象山帝国"的山珍海味，却也有各种精致的甜品和糖水，而且口感更加纯正，料理更加黑暗。想想我也算是半个吃货，看到美食就流下口水，闻到香味就迈不开腿。人家是"特别能吃苦"，这五个字，我想了想，我做到了前四个字。

但是为了好身材要忍啊，我不求六块腹肌，到了四十岁的时候，洗澡时往下看还能看得见自己的脚趾，就算对得起自己了。

旺角的糖水再甜，过了晚上十点也不能再碰了。牛腩料理再黑暗，也要迈开两腿逃走。

前段时间开始早上起来去楼下的会所或在小区跑步健身，他们说二十一天可以养成一个习惯，起床跑步的习惯也算是基本养成。如果一天事情比较多白天没跑的话，会觉得缺少些什么，贱骨头欠抽的感觉，晚上十点后也要补回来。虽然花的时间不多，跑的距离也不算长，但是坚持下来，也能感觉到自己在身体上的轻盈和精神。不是有个理论么，其实锻炼的目的不是在于当下那一刻身体能量的消耗，因为即使你跑了半个小时消耗的卡路里也不过是一杯咖啡的热量而已，锻炼真正的作用在于加快平时身体代谢的速率，比如你吃饭时消化的速度会更快。

俗话说：小腹不平，何以平天下。今年在身材上对自己的要求是穿得进修身版的衬衣，然后骄傲地回内地和朋友们说：

"其实，很少有人比年轻的时候更帅。"

/ Chapter 2 / 天马行空的开始

Men for others

有"Men for others"的价值体系,可能就不容易因为一己私欲而去侵犯别人的空间,破坏道德的法则,因为法则是为了人人更加公平的自由。

昨天有幸和 Dr.Poon 一起吃午饭,其间聊到了内地和香港的一些共性和区别。他说他印象很深的一个镜头是2001年,当时电视上宣布北京申奥成功的消息后,大家都很高兴,当时中央台的屏幕上打出四个大字——"我们赢了"。他很纳闷,为什么不说我们成功了,要用"赢"这个字?因为有人赢,意味着有人输,是一场零和游戏。

但是他同时也承认香港目前也变得越来越功利,他在香港读小学的时候,他的学校和另外一所算是当时全港顶尖的学校了。当时另一所学校的校训是——Be the best of the bests,老师给学生灌输的是舍我其谁的精英意识,凡事做到完美最好。而自己的那所学校,校训则是——Men for others,希望学生无论做人做事,都能够从别人的角度出发，做有利于他人和社会的事情，并不主张你输我赢，而希望能够达到共赢和谐。

他说，现在回过头看，还是为一直被灌输这样的理念和价值观而感到幸运。

那一刻，我突然有种被打通任督二脉的豁然开朗感——是不是更加文明的国度，更加文明的社会，更加文明的国民，会更加有这个"Men for others"的价值体系？

我开始理解，为什么在夜晚十点的中环地铁站，月台上全是焦急等待着回家的疲惫人群，但仍然有序地排着长队，列车门开，里面的人先下，然后按次序上车，等工作人员举起Stop的牌子后，基本没人去硬挤——虽然挤一挤还真是可以进去的——而是默默停住，等下一班车。人群多而不乱，仿佛有一套无形的秩序在有效地掌管着这一切。我第一次看到这个场景时，还是受到几分震撼，直到后来排队等公交，排队等电梯，排队等吃饭也开始成为习惯。在香港这个地小人多的拥挤城市，没有自觉排队的习惯意识的话，整个城市随时随地都可以暴乱了。

康德说：有两种东西，我对它们的思考越是深沉和持久，它们在我心灵中唤起的赞叹和敬畏就会越来越历久弥新，一是我们头顶浩瀚灿烂的星空，一是我们心中崇高的道德法则。

我想，有"Men for others"的价值体系，可能就不容易因为一己私欲而去侵犯别人的空间，破坏道德的法则，因为法则是为了人人更加公平的自由。

我开始理解为什么越是真正厉害的教授，表现得越是谦虚随和。给我们上语言发展法的选修课教授 William Littlewood 是一个性格超级随和的老头，白发苍苍，脸上总挂着笑容，按照女同学的话说，这老头蠢萌蠢萌的，太可爱了，好想上去捏一下。Dr.Poon 聊起他的时候，满是敬仰爱戴——"You know, to me he's like a father, and he devoted his whole life into language research.（你知道吗？对我来说他就像一个父亲，他一生都投入在语言研究上）。"上课时不经意搜索了一下，不查不要紧，查后顿时给跪了——剑桥大学毕业，全球语言学的知名学者，港大的客座教授，国内语言学几乎必备的教材《交际语言教学论》（*Communicative Language Teaching*）这本书，居然是眼前这位蠢萌蠢萌的老头写的。当这位学术泰斗就在离你两米处站着给你讲课的时候，顿时光芒万丈，亮瞎狗眼，跌破眼镜，满地找牙。恨不得站起来说："您坐着讲，我们站着听就行。"

我相信他所做的事业源自热爱，源自对世界的真理的探索，源自为帮助别人更加容易理解这个世界的奥秘的初衷。而功成名就只是这些价值的附属品。这何尝不是另一种"Men for others"的价值体系呢。下次看到那些有一些成就便觉得老子天下无敌的人，我只能回复"呵呵"了。同时警醒自己，你的能力和你的骄傲是成反比的。

如果我有了小孩，我希望这个社会、学校的老师告诉他做人做事的理念是"Men for others"，而不是"Be the best of the bests"，因为他不需要在所有人里成为最好，他只要成为最好的自己。

/ Chapter 2 /　天马行空的开始

关于留学，多的是你不知道的事

留学从来不是什么可以被标签化和定义化的产物，因为它真是一件很私人的事。

你是什么样，你的留学就是什么样。

以前读高中和大学的时候，说起身边的某某人去留学了，那简直就是与高富帅白富美的同义啊。脑子里想的都是上流精英、财富新贵、旅美华人等这些"高大上"的词。而现在随着留学市场化和物质化，加上国内留学生的低龄化和土豪化，"留学"这个本该象征着学术、名校、自由、远方等美好画面的词汇，已经被拉下神坛。有人依然坚信留学是个开阔眼界、增强学术、提升自身层次的高地；也有人调侃留学只是场混个文凭、烧些人民币的游戏。

我觉得——他们说的都对，但是又都不对。

前些天在知乎上看到，对于一个抱怨社会的人，最有力的回复是——你是什么样，你的社会就是什么样。我想这句话也同样适用于留学的人。

"你是什么样，你的留学就是什么样。"

课堂上，永远会有几个上课总是要迟到几分钟的靓仔美女，他们不太积极参与课堂讨论和与老师的交流，而更热衷于铜锣湾的商场和旺角的美食。但同时也会有一些提前在图书馆看好材料，做好功课，上课积极回答问题的学生。而且我发现年龄越大的人，往往越会珍惜来读书的机会。班上一个日本妇女，经常用一口不太流利的日本英语积极勇敢地回答问题，让我由衷感动。在城大听法律课时印象较深的一位中年人，教授抛出的问题她都能回答，知识渊博，令人侧目，课间休息时还经常和教授交流，不禁由衷钦佩。

在我看来，留学从来不是什么可以被标签化和定义化的产物，因为它真是一件很私人的事。

平常不上课的时间里，有些留学生在开着固定温度冷气、光线明亮的屋子里，奋力地打着游戏，他们也是在留学；有些人在这座物质极度繁华、美食极度多样的shopping天堂，眼睛放光地尖叫着折扣，气喘吁吁地忙着代购，他们也是在留学；有些忙着认识不同的有趣的人，参加着各种主题的派对和活动，感受这个城市不止一面的精彩，他们也是在留学；有些忙着在图书馆看不同的资料和书籍，踏着日光出，背着月光回，他们，是的，也是在留学。

留学不止一面，看你想要哪一面。有人在这里风生水起,怒放着生命;也有人的梦想好像已遭阉割,只剩萎缩。但是,那又怎么样呢,我们又有什么权利揶揄他们的留学生命怒放得是否不堪呢。

因为留学就是一件很私人的事。

那么,留学对我又意味着什么?

踏上这片拥有无限可能性的神奇土地,从一开始的局外人,到渐渐地融入这座城市的脉搏与心跳,和这座城市的人一起挤地铁,在地铁上看书或睡觉,开始习惯时不时地出口说"唔该"(粤语中最常用的礼貌用词之一),也渐渐地开始用粤语做一些简单的埋单点菜讨价还价,而不是用英语或普通话。对城市表面的新鲜与繁华已经没有太多惊叹,对从图书馆眺望到不远处的维多利亚夜景也没太多冲动,除非有佳人陪伴,不然只想回家早点睡觉。

而这座城市的复杂、文明,这座城市的思想和精神、自由的气息,却越来越深地吸引着我,但是这种感觉——我怎么和你形容呢?

我一直觉得自己对于精神的追求超过对物质的渴望,虽然我也喜欢豪宅名车(谁不爱呢,是吧)。但是只要听一堂震撼灵魂或者启蒙思想的课,便会觉得这一天无比美好,睡觉都能挂着微笑。

比如宗教课的教授说:"What is faith? Faith is a strong belief or trust that is based on conviction rather than on proof.（什么是信仰？信仰就是基于相信，而非事实的无条件信念。）"

那一刻，觉得整个世界都亮了。

比如听文学课，看到一行字：If equal affection cannot be, let the more loving one be me.（若深情不能对等，愿爱得更多的人是我。）

不能更爱。

比如传媒课的教授问："办报纸和杂志明明不赚钱，为什么还要办？"我想到的是，广告还有收入啊。

教授回答"最重要的一点是为了夺回话语权"，顿时觉得自己太肤浅。

虽然在香港待的时间不够长，自己所看到的接触到的都只是表面，但是每天似乎都有期盼，能感觉到内心一摊水被重新搅动，思想起着阵阵波澜，虽然不知道会产生多高的浪花，但我知道，它一直都在蓄势。

现在也不愿多想这一年留学到底值不值的问题，生命终究是一段自己的旅程，如果有幸能做自己认同的事情，培养出自己认同的品格，而成为让自己尊敬的人，那就是正确的选择吧。

/ Chapter 2 /　天马行空的开始

留学就一定能学好英语？您别骗我

语言提升的关键，还是在于运用，而不是单纯学习。

而运用语言最好的平台，是工作，尤其是你的工作语言是英文的时候。

"国内的英语教育是应试教育，培养的都是哑巴英语的学生，只会做题，不会说话，所以要真正学好英语，必须得到国外去学。"

"高考英语口语水平考试不计入总分，当然学生不会重视口语啦；学生只会做绕来绕去的单项选择题，即使学了大量的语法，却仍然写不出 120 字优美的文章——这是英语教学政策的错误。"

……

对于那些抨击国内英语教育不行的人来说，这些言论是他们拿出来叫嚣的最有力的论据，犹如拳击手套，一拳一拳地捶在英语教育这块已经结了老茧的伤疤上——老茧裂开，流出脓水。

在很多人眼里，国内的英语教育，就是一个字——水。

我怎么知道？因为我当年也是愤青中的一员。

问为什么在国外就能学好英语呢？回答无非就是这么一句话——国外浸泡在英语的环境中，英语水平自然就提高了。

那么问题来了，去国外就能真正浸泡在英语中了？浸泡过后英语水平就能提高了？

未必吧。

这段时间也算是在外面见识了一圈，虽然待的时间不长，也算是看得明白。遗憾地发现，那些在国外待过几年的人，尤其是留学生们，好多英语也没有想象中那么好。

其中一个重要的原因，就是目前的国外留学生，没有强烈的语言浸泡需求。

不管是在中国香港还是美国，大多数留学生都喜欢自己抱团玩，语言和想法都差不多，交流起来不费劲，有归属感。所以在课堂上经常能看到的现象是，白皮肤的和白皮肤的坐一块，黄皮肤的和黄皮肤的结个伴。甚至内地人和香港本地人，都算黄皮肤了吧，大多数情况下，也都是各玩各的。在家里打个火锅开个小型party朋友圈一晒，一张张笑脸，很少看到眼珠子颜色有不一样的。当然，并不是绝对，也有一些在各个肤色和国籍之间切换自如的社交动物，但整体上看，这类人算少数。当然也不是因为种族歧视和地域偏见那么严重，而很多情况下是懒，很多人本能觉得和自己成长环境相似、价值观接近的人一起交流更舒服。需要的时候，虽然不同肤色间大家还是能好好玩耍的，但大多数也只限于"点头之交"的程度。

十几年前内地人在国外留学的少，如果不想被孤立的话，还是希望能够融入资本主义的社交圈；现在，世道变了，纽约法拉盛都已经变成中国人的天下了。

社交圈本来就是单独的个体为了相互交流而产生的，但是当这个网络一旦稳定，其流动性就会减弱，因为在各自圈子里大家都很舒服。所以，在国外有自己的朋友圈，说着大家都能听懂的不费劲的中文，我有什么冲动去说英文呢？

来香港两年不会讲粤语，留英留美三年做不出一场超过半小时的英文学术报告，回复英文邮件半小时斟酌不出一篇得体的文字，也其实没什么意外。

前几年看《赢在中国》的创业比赛，有个参赛选手顶着个加拿大什么硕士的头衔，主持人王利芬问他，既然你是"海归"，介不介意用英语来回答我的问题。

空气尴尬了几秒，那选手怯生生地说了句——"对不起，我不能。"

另外，留学和英语口语的提高，其实没什么必然联系。

留学对英语的学术要求，最明显的是体现在英语阅读和写作上，因为有很多文献要看和作业要写。读和写的能力确实会提升，听教授的课，英文听力也会有提高，只要你读的不是用中文授课的当代中国研究或者 EMBA 中文班之类的。但是说到大幅提高口语能力，这和你上课有限地回答几个问题，或者做几次报告，真没什么太大关系。你又不是哈佛、肯尼迪政治学院的，天天练演讲和口才。进一步说，教授一节课英文狂侃三个小时，口干舌燥，我们在下面听三个小时，相对而言，谁的英语水平会提高更多呢？对吧。

别傻了，别以为出个国就满口 ABC 了，留个港就粤语满天飞了。留学，只是途径，从来不是成果。

怎么破？其实，这就说到提高语言能力的本质了，个人认为，语言提升的关键，还是在于运用，而不是单纯学习。

而运用语言最好的平台是工作，尤其是你的工作语言是英文的时候。

对于提高语言能力来说，工作最重要的贡献，就是解决动力的问题。工作环境由不得你来挑自己喜欢的圈子，尤其老板同事客户都需要用英文沟通的时候，为了加薪、升职、给客户和同事留下好印象，欲望和恐惧做伴，做个报告必然要在镜子前反复练习；开个电话会议，自己说的英语老被同事问，"Sorry, I didn't follow. Would you please say it again？"还要不要继续混了；每天打开邮箱，有几十封

E-mail 要接收和回复，而且每封 E-mail 都得想着怎么措辞才得体，慢慢地，写 E-mail 的速度一开始是半小时，到后来可能是半分钟。

浸泡在英语的环境中并不重要，关键是能否和这个环境产生化学反应，进行融合，当成为这个环境的一部分了，才是你语言能力真正走向裂变的时候。

又回到那个观点，语言属于能力的一种，而真正的能力不是学来的，而是在运用中反复琢磨消化、内化的过程中体悟出来的。

当冯唐在芝加哥大学用纯正的北京口音做了半小时的英文演讲的时候，我相信他的英文能力，应该不是在美国读MBA的时候学来的，而是在麦肯锡的六年蜕变的。

李宗盛在《写给自己的歌》里唱到"可惜恋爱不像写歌，再认真也成不了风格"。

想来留学，先练好英文

你的英语功底，直接关乎你的留学生活是丰富多彩还是暗无天日。

上一篇写得不够尽兴，这一篇里我再唠唠关于英文的事情吧。

想去国外留学，这里不是指去读高中或者本科，孩子们的世界我不懂。我说的是读硕士或者博士，最重要的能力是什么呢？

有人觉得是适应环境的能力，或者更具体些，和人打交道的能力。到了一个陌生的环境，你会不会在这座城市里找到去学校最快捷的路线，嗅到周边廉价而美味的餐厅，租到性价比高的房子，能否和这个城市无缝对接，恨不得别人一看你就觉得你是本地人。我觉得不是，因为不同性格的人有不同风格的留学生活和方式，不一定要像交际花一样才显得风生水起。或者说得再俗一点，你只要有人民币，留学物质层面上的问题，根本就不是问题。

但是有一项能力，人民币也解决不了，而且直接关乎你的留学生活是丰富多彩还是暗无天日——你的英语功底。

英语口头表达能力其实没那么难，不是有人做过研究么，一个外国人平常只要一千以内的词汇，配上一些简单的口语语法组合，就可以基本应付日常的交流，不管是去买菜购物，还是在课堂上做一些浅层的学术交流。或者你哪怕只会"I want this and that""How much""Thanks""Sorry, I don't know"就够了，再加上人民币，你就可以在一个说英语的城市活蹦乱跳地生活了。

但是，这连学术的边都没沾到。留学的英语要求可没那么简单。

硕士课程的一堂课一般三小时左右，中间会有一到两次十分钟的休息时间。因为课程量比较大，时间也比较紧，教授往往会在台上一直讲三小时，或者中途抽几分钟的时间大家讨论休息。看着一些年过半百，甚至已经满头银发的教授在滔滔不绝，想想他们也真是够拼的。回想自己在高中一堂课四十分钟，一天就教两堂课，而且有时候还中间休息一堂课。强度不及他们一半，想想都不好意思。因为他们教的往往是新的内容或者是晦涩的理论，经常会用到一些平常肯定用不到的学术词汇。要打起精神，竖起耳朵，还要时不时地迅速查一些词汇，才能跟得上他们的节奏。要是再碰上个语速较快的老师，听满三个小时，如果没有室内冷气，后背的衬衫估计就湿了。

如果你的词汇量不够大，听力不够好，人家在那里滔滔不绝，你在下面云里雾里，那三个小时简直生不如死。怎么破，看美剧的时候尽量少看下面的中文字幕啦。

而且听学术的课和你看美剧的要求不同，你看学术文献和看 *China Daily* 的要求也不一样。想起自己在大学备考托福尤其是 GRE 背单词的时候，一边背一边骂——这种单词背着有什么用。确实平常生活用不上，就是给你看文献和资料的时候用的。

而更遭罪的是，这里老师布置的作业要求不是你随便写一些文章就能交差了。一般会有指定的书目或者文献让你去看，去比较，然后再写个评论什么的。比如昨天一门课的老师给我们三篇文章的链接，说你们回去看下，然后分析下这几篇文章的写作手法，写个评论，下周五之前交，上课要讲。然后打开文章链接——每篇文稿五号字体覆盖了五页 word 文档，密密麻麻还夹杂着我不知道的单词，加上其他老师也是不同强度的作业，觉得天顿时黑了下来，眼前一大波的 deadline 来袭。说好的西贡出海呢？说好的澳门小赌呢？说好的野餐露营呢？

别傻了，图书馆才是你的家，电脑才是你每天要面对的恋人。

我想起了几年前看过的一个视频，一个北大女孩本科毕业，去耶鲁深造。她说，我感觉我这两年在耶鲁看的书比在北大四年看的还要多。我当时觉得，真的假的呀，崇洋媚外假辛苦高姿态吧。现在看来，好像是真的。

前些天认识了在我们专业做研究助理的博士，在北大念了三年硕士。她说每次和她导师讨论学术问题的时候，总被批得体无完肤，觉得自己好学渣。我说妹子你千万别这么说，你这样都学渣了，那我只能当学灰了。

在这里或海外读研读博，不管什么专业，英文功底的深浅起着决定性作用。当你看文章的时候，考验的不仅仅是你是否看得懂这篇文章，还有你看文章的速度和效率。别人花了两个小时写了一篇一千词的评论和你憋了一天才拼凑出的效率当然是不一样的。搞不好还因为语法错误太多句子表达不清晰而返工重写。这是龟兔赛跑的游戏，而英语能力往往决定了你是哪一类。

我和另外一个读市场营销的博士聊天，她说最羡慕英语好的同学，因为读博大部分时间就是看这个领域的各种书籍、期刊、文献、论文等，然后不断地分析，不断地写。必须有一种文献虐她千百遍，她视文献如初恋的情怀，才能坚持走下去。也看到有些博士读了两年读不下去而放弃的人。当然也不一定全是英语的原因。

所以想要留学的同学，除了你的热情和梦想外，先在国内练好英语再说吧。

你以为我夜夜笙歌，其实作业才是我大哥。

路程已过半

这几个月的生活，如果用一句话概括就是——看见了更大的世界。

想起下个星期就是这个学期最后的一个星期了，埋头写作业的时候都会一瞬间恍惚——啥，这么快就要放假啦，我怎么感觉才刚来。

相对论说，当你怀里搂着心爱的姑娘的时候，一小时就像过去一分钟。

这三个多月的体验确实带来了很多意想不到的收获，难以在此细细计数，日后有文章再表。而现在对于留学的思考和几个月前确实有很大的不同，在此做个人的分享，也算是对自己的一个回望。

我觉得有两类人适合背井离乡地去一片陌生的土地求学。一类人就是对学术特别有追求，虽然一直认为世界学术的殿堂在美国，但中国香港的教授有些还是有斤有两的，而且最关键的是这里的学术资源全面丰富，能够接触到更前沿的信息。英国调查机构 QS 公布的 2015 全球最佳求学城市排名中，香港居全球第五，亚洲第一，不一定全面，也可参考。虽然没去过其他城市待过，但也承认香港的学术氛围还是很高能的。

另一类人就是特别能折腾，有着乔布斯帮主所倡导的"Stay foolish, Stay hungry"人格，喜欢冒险和探索。以这个标准来看，中国香港比美国还有意思，在美国留学过的朋友经常同意一种说法，说美利坚是好山好水好无聊。人权太有保障，民主太被保护，如同上流社会般精致而无趣。你来香港留学，其实关键词不在于留学，而在于香港——这个弹丸之地，又高端又好接地气，好复杂又好有趣。都市森林似的中环不忍直视，灌木丛林般的旺角无法侧目，这里的各个阶层的人都呼吸着同样的空气，演绎着各自的人生。这个城市就是一个江湖，金融业的刀光剑影，传媒界的各路厮杀，一幕幕看着实在过瘾，听着各种热血。

但是，如果你既没有学术情怀，又不感冒新鲜和刺激，那么，其实，待在家乡，挺好的，真的。曾经的出入香车加落地飘窗美宅，现在的暴晒走路睡五平方；曾经的剥虾吸螺吃海味，现在的顿顿猪扒喝柠檬无味。回顾美好的过去，想想现在，真心觉得自己生活在物质上水深火热。

何必呢，是吧，其实生活可以不用这样的。

尤其是已经工作了的上班族们，留学意味着不仅没有稳定收入还要倒贴费用，意味着中断职业生涯带来的高昂机会成本，毕业后再就业的不确定性。这些都是需要谨慎权衡，其影响和意义某种程度上不亚于娶个老婆或嫁个男人。

留学有风险，入学需谨慎。

但是，为什么还要来？

原来的工作生活吧，一个字概括，忙，差不多朝七晚十的工作时长，一周工作时长超八十小时。但是忙碌过后吧，除了留下一些情怀，积累的痕迹太浅，一直在掏空自己的才情，摸不到自我提升的天花板，总有一种很忙碌却又盲目的混乱感。

虽然家乡白天有海边明媚的阳光，夜晚有自家天台安静的晚风。岁月带来了物质的丰盈，然对于一个有胃口的灵魂来说，却还没有带来精神的盛开——说到底还是一种饥荒。

趁着还在苟延残喘，对待青春不妨大胆冒险一点，因为好歹你都要失去它。

于是，飞机落地在香港国际机场的那一刻，明白自己的人生从完成时又回到了进行时。

走到今天，为了一些逝去的情怀也好，为了弥补心中的遗憾也罢，回顾过去，知道这是我的必经之路，性格决定，如同宿命，没有选择。

这几个月的生活,如果用一句话概括就是——看见了更大的世界。

来到这里后,听了不少各路大咖的讲座,上了一些学术大牛的课,接触了外面光环、里面辛苦的各种圈子生活,品位不敢说提升了多少,层次确实被拉高了不少。比如会惊讶地发现,这个世界很多人看似卖情怀秀光环搞文艺,实则忽悠坑爹加拐骗。渐渐能辨别哪些是真有才,哪些是在忽悠。

如果说旅游的意义,并不在于发现了一个新奇的新世界,那就应该是当你旅游回到原地后,对自己的生活,有了新的认识和更深维度的思考。

那么留学的意义也是一样。

现在更多知道,其实每个行业都有很多的点值得去深度挖掘学习,说白了还是格局有限,方法论不会用。看不到价值点和增长点。就像给我们上 Research Methodology(研究方法论)的老师,在一堂课上,突然问我们:

"为什么这门课叫 Research Methodology,而不是 Research Method?"

我们面面相觑。

"因为 method 是研究问题具体的方法,而 methodology 是研究方法的思维和方法,而方法论才是以后你们真正能用上的东西。"

跪拜。

难怪《麦肯锡方法》的第一页就是几个金灿灿的大字——麦肯锡并不神秘，方法论（methodology）铸就神奇。

我也越来越相信：其实在不同领域之间存在许多共通性，如果在某一个领域做到顶尖，很有可能你也能把其他事情干好。

忘了读过哪篇文章，但是记得那哥们儿还是姐们儿在回顾人生路程时，总结这么一条心得——二十多岁的年轻人，真正重要的命题只有三个：认清自我与世界的关系，寻找值得全情投入的领域，在爱与被爱中心智成熟。

如今路程已过半，喜忧各参半。一些迷茫，走着走着好像想通了，却自己又长出了很多之前都没有想过的更大迷惘。想不明白，只能挠挠头，咽下口水，望着远方一片微弱的亮光，收起迷离的小眼神，继续留给这个世界臃肿的背影吧。

/ Chapter 2 /　天马行空的开始

给来香港读硕士的小伙伴们的三条建议

课堂上教授教的内容，远不及这座城市带给你的体验。眼界的开拓，思想的动荡，更多是因为这座城市。

首先还是恭喜你申请成功了，可以在这片土地自由出入了，不管你是梦想照进现实，还是落下遗憾，反正你来了。

你们会看到最好的世界，也许会遭遇最坏的体验。因为这是座最坏的城市，也是座最好的城市。

来港读书，除了读 PhD（博士）或者 MPhil（一般指博士第一年），来读 Master（硕士）的同学可能会占到九成。房产中介们笑开了花，因为你们帮他们抬高了租金，他们赚到了佣金；崇光百货、海港城、Sasa 和卓越的老板们乐开了怀，除了内地游客，你们是最大的消费群体。你们刺激着香港消费的肾上腺，释放着青春的荷尔蒙，让这座城市永远那么年轻。

在为这座城市的繁荣贡献着自己荷包的同时，也需要冷静想想，这座城市，这段时光，会给你带来些什么？

打开锦囊，分享自己的三条心得，有用无用，全凭自己判断，能来读研的，都是有独立人格和自由意志的人。

多旁听一些课

香港的大学资源是极度丰富的，香港的政府和大学有钱，请得起优秀的讲师和教授；而且专业丰富，你想学的专业，多半都有。硕士的课程其实并不多（虽然作业多），一周四五堂课，还多半在晚上。所以，除了泡图书馆，除了学习本专业课程外，多挖掘下自己的好奇心，多去旁听些自己感兴趣，或者有意思的课程，有时候还会碰到明星讲师。比如我经常去蹭间丘露薇讲的国际新闻课程，马家辉开的中国文学课；来香港之前，我只是读过他们的书，而现在，他们活生生地在眼前十米外和你唠嗑。喜欢商科的，多去听些市场营销、中国研究、环球商业的课，觉得老师讲得好的，就多听几节；讲得不好的，下次就不去了嘛。

听多了，你会渐渐打开人类另一个知识领域的脑洞，完整自己的知识结构；更重要的是，你会知道你以前感兴趣的学科和你真正在上的内容可能是两回事，或者你终于知道其实以前有些有光环的学科，你压根一点都不感兴趣——慢慢的，会发现哪些是真爱，而哪些是真不爱。

恭喜，你更了解你自己了。

有人问，不是本专业的，贸然地跑去旁听课，真的可以吗？这样真的好吗？

三种方式，第一，事先给教授写个 E-mail，告诉他你是多么喜欢这门课和他；第二，上课前走到教授旁边，亲口告诉他你是有多么喜欢这门课和他；第三，直接坐下听，其实大多数教授压根不知道你是不是他的学生。因为你们一周才见一次面。马家辉有次在课堂上看到我，突然心血来潮问之前怎么没见过我，我说我是您忠实的读者，喜欢您写的书；他腼腆地笑了，于是我们在课后又愉快地聊天了。

学费除以课堂数，来读过的人都知道，硕士的一堂课是很贵的。多听一些吧，不亏，这是这座城市最棒的资源了。

多体验这座城市和人

香港这座城市，在我看来，最赞的地方在于够密集，资源够集中。如果你去美国的东海岸留学，那么西海岸的硅谷，或者中部的芝加哥，其实跟你没什么关系（除了旅游）。甚至如果你在波士顿留学，四个小时车程外的纽约，其实也和你是另一个世界。如果一不小心大学在美国郊区的小镇里，多半能闷死；所以为什么好多留美的人说自己住在"村里"，也是自嘲和无奈。所以都是美国留学，却都是不一样的境遇和体验。因为人的社交距离、生活圈子是有限的。香港的好处在于，城市够小，资源够集中，人才密度大，在中环的写字楼里辛苦地上班，下班后约朋友在 The one 吃个精致的法餐，晚上看一场音乐会，或在哪个大学听一场讲座，周五晚上在兰桂坊度欢乐时光，周末尖沙咀登船出个海，都非常方便，体验很棒，而且都在一个小时内，不用开车，不会堵车。

所以，只要你愿意，你可以尽情贪婪地享受这个城市的精彩和自由。放心，这座看着小小的城市，容得下你大大的欲望。

但是，比这个更赞的是，当你在星光大道看着维港对岸城市剪影的时候，你要知道，这片弹丸之地，汇聚了全世界顶级的公司：如长江集团中心58楼的高盛，中环交易广场的摩根士丹利，旁边的美林证券；顶级的咨询公司，如时代广场的波士顿，花园道的麦肯锡，IFC的贝恩……

是的，他们都在你的视线范围里。关键是，你能不能拿到通向玻璃大门后的那张门禁卡。

在这里，你有价值，够努力，是有机会接触可能是全世界最优秀的人，甚至与他们为伍。不管他们来自海外、本土，还是更多的，来自内地。

这就是一座"高大上"的城市，有着不一样的范儿。

所以，在这里读书的时间里，除了泡图书馆应付繁重的课业压力外，多去社交。写完作业了，有空多参加些公司办的酒会，不管是出于怎么样的商业目的；积极加入香港的同乡会或校友会，除了找归属感，他们会带你一起玩。去玩，去high（网络用语，意指开心），去搭建自己的圈子，热爱这座城市的好与不好。你要相信，你现在所看到的这座城市的印象，一定仅仅是表面。

当然，有自己的判断和思考，不要被忽悠了。此处省略一万字。

尤其是有些在内地已经工作了几年，来这里读研的小伙伴们，其实你们知道，课堂上教授教的内容，远不及这座城市带给你的体验。眼界的开拓，思想的动荡，更多是因为这座城市。你们会更珍惜这一年的经历。希望你们能在这里找到真正的热爱。

多学英语和粤语

英语是在任何时候都不应该丢的一门技能，不管是用于生存还是为了显摆。不要让课堂的报告成为你在这里唯一说英语的理由，平常多举手和教授交流交流，让他记住你，有印象，期末打分或许能高些，毕业后继续申请博士或者做助教、助研的机会也会高些；有机会和班上的外国同学多唠唠，不然都不好意思说是在国际大都市混过的。

还有粤语，不会写没关系，繁体字本来就是写起来费劲的事，除了签名用，也不表示你会写繁体了就代表中华文明的传承了。但是会讲一口流利的粤语，在我看来，会比说一口流利英文更 cool。广东道海港城的服务员说着生硬的普通话接客，只是为了迎合，并不表示认可。开的士的司机，街市卖菜的大妈，地道茶餐厅的服务员，他们年纪大了，多半不会讲普通话；用粤语和他们交流，是需要，更是尊重。通过语言，也能更好地了解这座城市。

再说,普通话、粤语、英语能随意切换,也是件很拽的事。

也许你们现在已经开始思考一年毕业后,回内地发展还是留港工作的问题。一方面是好的,职业规划是要早早思考,占据主动。但另一方面,这一年思想和观念的冲击,一定会改变你的很多看法。不要去排斥它,要拥抱它,别想太多,毕业后,自然会有离开或者留下的理由。

就像《阿甘正传》里那句老掉牙的台词:

"Life is like a box of chocolate: you never know what you're gonna get."

(生活就像一盒巧克力,你永远不知道自己下一次会拿到什么。)

心中若无烦恼事,便是人生好时节,享受这一年吧,因为有可能是人生最美好的一年。

/ Chapter 2 /　天马行空的开始

先了解自己，再谈谈读博

读博只是一个选择，而不应该成为一个目标，更不能成为衡量一个人除了学术能力以外的任何标准。

越长大越觉得，听的很多建议，都是社会化建议，而社会化建议的形成，源自于不多元的价值体系和不丰富的社会结构。但这些建议的特点，就是剥离个体的差异和独特，达到高度统一和谐。

但现代社会，许多建议本来就是你之蜜饯，我之砒霜，因人而异。

比如读博这件事。

"成功"的定义，在国人眼里，本来就是单一和狭隘的，无非权钱，有名有利。而一个人的教育水平越高，就好像越能嗅到铜臭的味道，看到权力的闪耀。这也可以理解，在一个社会阶级流动严重固化的几千年体制下，读的书越多，学位越高，越接近所谓成功的天花板。

读博在大多数国人眼里,可不仅仅是对学术的进一步追求那么简单。就像星巴克在内地的这些年,也不仅仅是一杯温暖的咖啡而已。所以在美国卖 3.25 美元同样一杯摩卡,在内地就敢卖到 33 元人民币,还排队。

读博只是一个选择,而不应该成为一个目标,更不能成为衡量一个人除了学术能力以外的任何标准,如果有人拿读博当作人生赢家的条件的话,那只能说他连为什么要读博也不清楚。

在读硕士期间,经常能听到的一个论调是"我父母想让我继续读博士,认为这样才能有前途","我还不想找工作,想继续读书,应该会申请博士吧"。

先了解下自己,再谈一谈读博吧。

读博士,除了未来不可预见的收益外,各种成本昂贵。首先说经济成本。教育市场化早就是一个公开的秘密,甚至都不需要像以前那样,还偶尔拿出学术的遮羞布。现在已经赤裸裸地拿教育当产业,课程当产品,还做出了五花八门的衍生品。教育立场已经从学术追求,变成了市场需求。以前去美国读书,只要是研究生或以上,一般你拿到 offer 的同时,也基本上等于拿到了奖学金。而现在,去美国读硕士的,有几个是拿奖学金的?大学教育既然有市场需求,为什么还要自掏腰包呢?既然有埋单的客户,为什么不降低学术的高墙呢?

朋友香港 MBA 毕业，留港工作。他说前些天在看他们学校的 MBA 学费，已经比他两年前来读的时候，上涨了 50%，而且学校规定，MBA 项目每年学费上涨 20%，雷打不动，直到上限；而香港另外一所大学的 MBA 学费已经超百万了。不免叹息，如果教育产品可以上市发行，绝对是绩优股。但问题是，学费每年都上涨，而且涨幅如此惊人，录取的门槛却越来越高，语言成绩原来要求雅思 6 分就可以申请，今年没考到 6.5 分就别来啦，给钱都没用。这架势就像以前在巴黎买 LV，必须出示身份证，每人限购一个手袋，所以能见到穿着珠光宝气的贵妇们在街头向路人借身份证这种滑稽的场景。教育也是一样，从奢侈品甚至都变成了限量版。

在美国一般博士项目会减免学费，也有些文科除外，有些科目第一年的费用还要自费；但是生活吃住费用一般要自己负担，除非你能找到助教和助理的打工机会。几年读博，没有个几十万，根本下不来。香港稍微好一些，会给你一月一万出头的钱用来支付你的学费和生活费，省着点用，用这笔奖学金，日子还能过得去。

但是，金钱成本肯定不是最大成本，俗话说，能用钱解决的问题，都不叫问题。最大的成本，是时间。

经济学上说成本有两个概念，显性成本和隐性成本。就像你和这个女朋友谈恋爱的成本，可不仅仅是花在这个女孩身上的时间，而是同时损失了跟其他女孩在一起的机会和未来可能性。读博士的几年时间里，时间成本并不仅仅是你把青春美好的岁月献给了读博那么简单，丢失的是用这几年投身其他事业并取得成就的可能性。而后者的隐性成本，有时候要比前者大很多。

　　我自己在读硕士的时候，经常有体会，如果一个教授知识渊博，讲课很有水平，会觉得一堂三个小时的课上得真值。但是，有时候旁听的课多了，也会碰到几个自己认为没什么水平的老师，不仅英语讲得不行，知识结构也是说得云里雾里，听完课后真有种浪费生命的无奈感，心想这三个小时干什么不好，陪你上完课，你赚完钱，还搭上我已经不够的青春。

　　对于时间成本话题，和朋友聊过，她给我说了一个例子：她有两个朋友都在新东方，一个在新东方做了十年，终于熬到了副校长；另一个待了几年后，去斯坦福读了一个MBA，后来留美工作了几年，现在在北京做自己的教育培训，亲自授课，创业初期，比较艰辛。

　　她说熬了十年的副校长，虽然不知道他一年赚多少，但是他去年刚买了宝马X5。

　　虽然并不确定未来到底谁的成就可能更大，虽然对于人生的意义也不能用物质来衡量。仅从时间成本来看，大家心里都有一杆秤，知道应该往哪里倾斜。

而除了金钱和时间成本外,还有一个门槛,上面刻着四个字——合不合适。

毕竟读博属于小众产品,是属于一小撮人的游戏。

在美国的时候,跟在美国读博的朋友聊天,他们经常戏谑,说除非职业需要,否则能不读博,尽量就不要读,什么叫 PHD,那就是 Permanently Head Damage(永久性脑损伤)。虽然有些夸张,但是,博士的特点就是在一个相对比较专业领域的某一个细分领域一直做研究,如果没有学习和思维能力,是容易钻牛角尖出不来的,而且从心理学的角度来说,当一个人长时间过度专注于某一个点而忽视其他面的时候,容易造成狭隘和偏激——这不就是脑损伤么。

现在愈加发现,知识这个东西,老师教出来的不算,通过自身的理解消化并为自己所用的知识,才是真知识。这个想法,启发于自己旁听的一门课,叫"知识管理"。里面讲到了 data、information、knowledge 的不同。Data 就是我们生活中所接触到的所有各种信息数据,俗称 raw material(原材料),而 information 就是你在大量的 data 中选择自己所需要的那部分。而真正的 knowledge 则是加工过的信息产生价值的内容。而这要看一个人把 information 转化成 knowledge 的能力,老师往往教不了,只能引导。

我个人也倾向认为,在一个职业平台上所学到的知识,才是真正的知识,可以转化成能力和生产力的知识。如果知识的消化吸收不好,又不能产出能量,就容易吃成知识的虚胖体质，反而伤身伤神。

而关于学习门槛这件事，互联网碾平了这个世界，也压低了学术的门槛。铺天盖地的思想、书籍和知识，只要有学的欲望和学习的能力，并非博士一条道走到黑。

所以，读博，与其说是读了博士的学位，还不如说是给了你几年让你静下心来做学问的时间。至于能否学到成果，因人而异。

俗话说，没有金刚钻，不揽瓷器活。读博这件事，本来就只适合一部分学术型、对这个领域真正热爱的人，如果你是社交型的，干吗非得走学术路呢。有些人适合读个博士去专业自己，另一些人就应该找个优质平台去脱胎换骨。放弃自己的优势，去做不擅长的事，就是对天赋和青春最大的浪费。

平时也和身边的一些博士朋友聊天，有觉得读得虽然累，但是觉得挺好的；也有被折磨得死去活来的，劝我千万别走上这条不归路。

说起读博的意义，我一朋友说得特别好：

在这个社会里，对于知识的积累、文明的传承、人类的未来，有人负责脚踏实地，也要有人负责仰望星空。

Chapter 2　天马行空的开始

毕业了，我选择留在香港

如果仅仅来念个书，留个学，其实只不过到了香港的一个校园而已，而你还没有看到过香港真正的核心竞争力、价值观、法制、自由金融的优势等，你们没有工作，是不会真正体会到的。

毕业季，明显感觉到大家内心的一丝丝焦虑，一层一层地泛着涟漪，随着结课的日子临近，涟漪变成海浪，在内心暗涌。

内地学生在这里念完硕士，一般都选择回去了，俗话说，各回各家，各找各妈，而选择留在香港工作的，寥寥无几。从签证的角度说，其实挺遗憾的，因为这几乎是条不归路，回去工作，明年签证过期了，再回香港，就只能是游客的身份了，不能超过七天。

离开后，就回不来了。很多事情，皆是这个道理。

香港真心对得起国际金融中心的美誉，如果说北京不缺官员，则香港不缺人才，能留在这片寸土寸金的弹丸之地，找到一份薪酬不低且自己喜欢工作的概率，和能申请上博士的概率差不多。

"留在香港工作不是长远之计，生活成本这么高，而且香港房价太贵了，开支太大，活得太不体面了——香港，不宜久留。既然这样，不如早点离开。"

活得"体面"，在香港是个奢侈的概念，和买个奢侈品手袋，两码事。前些天和香港大学的一个教授吃饭，我问了一个赤裸裸的问题：一年要赚多少钱，才能在香港算"活得体面"？

"那要看你怎么定位'体面'的概念了，不同阶段不一样，如果你有小孩的话，"他想了想，停顿了几秒，"一年大概要赚两百万才够吧。"

然后他就开始算账，要供房、供车子的油钱和停车费（香港停车位超贵），要请菲佣接送小孩，小孩要上国际学校……算了一圈，确实要两百万。

我惊讶之余，狡黠地追问了一句——那你过得一定很体面了？

"我也就勉强及格吧，哈哈。"

说起体面，不得不提到另外一层体面，就是有"体面的工作"。内地的社会舆论和家长们的概念里，工作体面最重要，说你家孩子当公务员，体面，脸上有光，家族荣耀；

在事业单位，体面，工作稳定，走路都飘着；进学校当个老师，体面，心里特别踏实，女孩进了体制，都变漂亮了，对象一定好找。

所有体面的工作，背后都有一个大前提——在体制内。

香港奉行"高薪养廉"的政策，公务员的薪水很高，但是仅香港本地人可申请报考。

香港竞争激烈，工作不好找，生活成本又高，回内地考个公务员或者事业单位吧，体面多了。不去体制内的话，往北望，还有另一颗金融明珠——上海呢。那里一瓶矿泉水只要两块钱；那里的人们都讲着能听懂的亲切的普通话；在香港租一个七平方米小单间的价钱，在上海可以租个七十平方米的套房了，在那里，能睡得比较体面。

凤凰卫视的闾丘露薇那天在讲课的时候，谈到自己对香港的印象，说香港是一个很多元和多层次的城市，她在香港待的这些年，每隔几年，就会对它有新的认识，像一本书，怎么都翻不完。在香港学习和工作，是两种截然不同的体验。

也是，一年的时间，足以冲淡对一个城市表面的新鲜和好奇，味蕾开始适应了这里饭菜的口味，不再频频吐槽和致敬家乡的海鲜了，甚至开始认同这里的饮食——口味淡，吃着健康，能多活几年；口味淡，则不易多食，利减肥。最重要的是，香港食品相对安全，吃着放心，再加几年寿命。香港居民平均寿命比内地要高，主要靠相对健康的食材和先进的医疗。

除了饮食适应了外，皮肤也渐渐习惯了室外的炎热和室内空调的温差，天热的时候出门，有意识往包里塞件薄薄的外套或线衫，因为不管外面怎么热成了烤猪，室内一定空气干燥，冷气十足，恨不得把你冻成狗。其实这也体现了对人和职业的尊重，光着膀子，挥发着汗味，对自己和对别人，都不舒服，不尊重。尤其对需要穿西装的金融男女，室内凉爽是职业的天然需要。

在香港没有车，坐了一年的地铁。双脚已经能自动平衡列车的加速和减速，不太容易丢人地前倾或后仰。新界、九龙和港岛的距离，无非是多看几篇微信文章的时间，不需要抬头看指示灯或者听广播，心里大概能算出接下来是哪一站。

有好多细节，体现着这个城市残酷表面的外衣下，最后的温柔。我喜欢这个城市几乎所有的洗手间都是干净的样子，用的统一是坐便器，而不是简单的一条沟槽（你懂的），这让出恭的行为很体面；而且每个洗手间，还有一间专门给残疾人使用，里面设施更高级。我喜欢在过马路的时候，听红绿灯传出的"咚咚咚"的声音，红绿灯转化时，声音频率相应变化，这样盲人就能听出来此刻是否应该过马路。我喜欢公共楼梯旁边会有电动的平板，方便载着坐轮椅的人上下楼。

"大象工会"写过一篇文章,问城市的残疾人都去哪里了,平常都见不到。因为一座城市的基础设施——厕所、楼梯、红绿灯等,设计的理念,都是给健全人用的,没有想到残疾人。

这是我喜欢香港的一些理由——理性下的感性,残酷下的尊重。

那天和牧师 Delton 大哥聊天,聊起了内地来香港的留学生毕业后去留的问题。Delton 大哥是澳门地区的人,在新加坡和台湾地区待过几年,人生阅历丰富,虽然喊他大哥,其实比我老好多,早过了不惑之年。讲粤语,普通话不太好,说话的时候经常要穿插一些英文单词出来。习惯了,东南亚一片的人都这样。

他是激进派,认为年轻的时光不能寻求安逸,一定要打拼一番:

"年轻人应该要 build your CV(增添你的履历),而不是 build your wealth(增添你的财富)。如果仅仅来念个书,留个学,其实你们只不过到了香港的一个校园而已,而你还没有看到过香港真正的核心竞争力、价值观、法制、自由金融的优势等,你们没有工作,是不会真正体会到的。"

我不能更同意他的这番话,前些天晚上,又路过维港,像往常一样,望着已经看了 N 遍的对岸繁华的港岛夜景,我知道，这个城市，还有让我怦然心动的东西。香港这一年，如同人生明显的分界线，割裂了我的过往和未来。之前的故事慢慢褪色，另一幅新的画卷正在展开雏形，上面粗粗的线条勾勒出不清晰的未来。内心的潮水还在暗暗涌动，不是表面的拍打礁石激起的浪花，而是水下黑色的深渊，势能庞大，只有自己知道。

这个城市已经收买了我的梦想，让我找到了 all in（全身心投入）的状态。这种感觉，挺好。

/ Chapter 2 /　天马行空的开始

深度思考，拒绝洗脑

如今我们肯定不缺信息，缺的是甄别信息的能力。"深度思考"在这个时候就显得尤为重要，没有这个，信息泛滥和没有信息，本质上是一样的。

近期越来越感触一个重要的能力——深度思考能力。

记得有两句风格类似的话——你要相信，你所看到的世界，一定是表象；你要相信，我说的每句话，都是错的。

以前觉得够偏激，够闪亮，现在觉得，大多数情况，还真是这么回事。

当别人告诉你我们这个行业多么牛，赚着一个月六位数的收入，在朋友圈晒着世界旅游、名牌包包，俨然一副人生赢家的状态，忽悠你进来一起合伙的时候，多想几层：连历史都不能做到客观的记录，何况一个行业。任何行业都有赢家和输家，这才是商业本质。只不过赢的人拥有了光环、聚光灯和话语权，而黯然离开的人，不会进入大众的视野，说话连个回音都没有。同样按照 80/20 法则，我们视野范围所看到的，一定是那一小部分，而且还是那一部分金字塔顶端的人的风光。阳光照亮了他们，而你却认为一定也能照到自己。因为他们说，我可以，你也可以。

如今自己的圈子大了不少，接触了一些对于这个世界而言所谓"高大上，自带光环"的行业的人。发现一个很有意思的现象，就是行外人各种羡慕，行内人各种吐槽。月薪几万的金融和月薪几千的体制内教师，还都彼此羡慕着对方自己所没有的东西呢。说白了，没有什么是真正好的行业，也没有真正坏的行业。关键是这个行业带给你的东西，能不能满足你的热情，匹配你的性格，发挥你的所长。

都是因人而异的。

既然都是盲人摸象，看不清全貌，很多人会走向另一个极端，就是所谓的"拒绝被洗脑"。别人给你讲一套新的理念，或者新的商业模式，听不懂跟不上，就说不要给我洗脑，不吃这一套。表面的全盘接受，或者表面的一味拒绝，都是没有"深度思考"的结果。中国内地这几年，因为互联网在几个"加速度"的推动下，确实一切都在迅速地更迭。套用下 iPhone 6s 的广告语：唯一不同，就是一切都不同。

淘宝"双十一"的一天 900 亿和你家街边商铺的冷清凋敝，租金下调，冰火两重天，就是在同一时间，同一片土地上发生着。张小龙说过了三个月，微信就已经不是原来的微信了，你还在卖商品，人家已经在卖场景了。

Chapter 2 天马行空的开始

到底是"洗脑",还是"金矿",没多少人有慧眼。

既然说到"洗脑",这里忍不住要给这个词做个正名。我认为只有缺乏深度思考的人,才会有"洗脑"一说。

互联网时代,为"自由意志"提供了释放甚至是宣泄的渠道,但"独立思想"却是"自由意志"的基础和前提,未必人人都有。如今我们肯定不缺信息,缺的是甄别信息的能力。"深度思考"在这个时候就显得尤为重要,没有这个,信息泛滥和没有信息,本质上是一样的。

有深度思考的人,凡事都会多思考几层,尽量接近理解事物的本质,有一套自己的人生哲学和价值观,他们不会排斥新的理念,反而会更有好奇心去了解,去甄别,去选择,留下真正有营养的东西,拒绝或是执行。缺乏深度思考的人,看到三四月份股票涨到傻子都赚钱了,结果五月份自己也去开个户进入掘金……然后,就没有然后了;看到淘宝开店这么赚钱,O2O那么盛行,自己也去搞一家,结果悲催地发现线上运营推广的成本现在已经比线下的还高了。互联网的行业,好多都是一开始看不懂,到后来就跟不上了。永远都是前面的人吃肉,后面的人喝汤。但是,一开始人家在说在做在普世的时候,你不是说人家在洗脑么。

全盘接受也不对,一味否定也不行,怎么破?

深度思考的重要性,浮出水面。

这个时代,话者多,智者少。

用深度思考打开世界的圈层

如今我们都生活在同一个世界，却可能是完全不同的圈层，同看一场球赛，你我的世界可能没有任何的交集。这是互联网带给我们的融合，也带来了分离。所以，多听一些不同立场的声音，哪怕是杂音，有助于多方位了解事物，看的听的多了，大概能了解大家在关注些什么，在意些什么，也许就能发现时代和行业的趋势。不然，磕破脑袋也想不明白一个卖书卖情怀卖知识服务的罗振宇，已经做到了13.2亿美金的估值，而且，这才只是刚开始。

多想想某些现象背后的动机，寻找看不懂的现象背后的合理性。多思考几层后，发现很多以前觉得理所当然的事情，居然会不一样了。

这个外在形式，叫"头脑风暴"。

我们需要用自己的大脑去看世界，不然你所看到的，是别人喂给你的世界。

用深度思考来了解自己，指导生活

这个世界现在已经越来越热闹了，我还是那个观点，其实很多人并不知道自己喜欢什么和不喜欢什么，直到你做了。在一个自己不喜欢或者不能发挥自己擅长的行业里做十年，内心始终不能达到高层次的愉悦感，真的没有比这更大的浪费。好在人有自我调整能力，通过不断的试错，慢慢总能找到方向。关键是,试错要趁早。在这个过程中,用深度思考发掘自己内心真正的热爱、优势和弱点,更深刻地了解自己,就会不盲从,不随从,这比什么都来的重要。

另外,深度思考如果是一个坐标图的话,"多思考几层"是思维的纵向挖掘,而"多思考几步"是横向现实拓展。

体现在生活和处事上,比如出门在外,会多想可能发生的状况,提前做好准备;比如与人交流,多考虑对方的需要和感受,这个外在体现形式,叫作情商;比如做事业,会提前做好规划和流程。凡事能够多思考几步的人,相对比较能做好风险控制,即使输了,也不至于跌得太惨。

总之,深度思考会很累,但,也会很有趣,不是么?

现在重要的不是赚钱，是成长

成长的目的，就是把自己培养成好资产，是获得核心竞争力，从而获得稀缺性，因为有稀缺性才有定价权。

而定价权就是你作为一个职场人的价值筹码。

在北京和读者交流的时候，一个"90后"问我，现在有热情有梦想，也想干一番事业，但是没有钱，没有时间，怎么办？

我说这是伪问题，没有时间是因为你没有把这件事当作头等大事，不敢把全部的时间和青春都押在这个梦想上，要么这个梦想不够值，要么不是真的梦想；至于没有钱，如果你确实有能力背负这个梦想，其实都不用去找钱，钱会来找你。为什么现在觉着缺钱，是因为能力的姿色，还没有被资本看上。

因为现在真不缺钱，缺的是可以投的好资产。

成长的目的，就是把自己培养成好资产，是获得核心竞争力，从而获得稀缺性，因为有稀缺性才有定价权。

而定价权就是你作为一个职场人的价值筹码。职场上有个现象，就是聪明的人大多不太稳定，就像好看的姑娘，城外的人都想挖个墙脚，诱惑太多；而稳定的人多半不聪明，因为并没有太多考验忠诚度的机会。这是个难题。所以为了招进优秀的人才，并保持人才的稳定性，大公司抛高薪和头衔，创业公司就给期权。

哪怕你目前的能力还不能马上完成价值提现，但只要能力摆在那儿，职场素质亮在桌面上了，就立刻有了定价权——资本看到了，依然会买账，为啥？买的是你的未来商业价值呀，这叫估值。

所以，我们应该努力成长，尽快把自己变成好资产。

那么，问题来了，什么是成长的正确打开方式呢？

以下四点拙见，欢迎吐槽，拒绝抬杠。

薪水是廉价的

在选择职业的时候，只是看哪个公司给的薪水高，真的是格局小的表现。虽然好公司和你谈薪水，坏公司和你聊梦想，但是，薪水真不能成为选择的第一因素。因为能用钱来谈的，都是便宜的。

选择一个公司，或考虑加入一个团队时，你的最优先考虑的不是薪水，而是这个行业未来发展的前景，这个公司或平台能够给你的成长机会，提供给你的资源。比如你的同事是不是很牛，因为与优秀的人为伍，会更直接看到自己的差距，知道提升的空间在哪里。这点很重要，因为很多人是有自我成长的需求和执行力的，只是看不到身边的榜样，导致不知道该如何改变。

比如你的老板是不是愿意花时间培养你，而不仅仅是花钱雇你，因为对于上司或老板来说，时间一定是比金钱更宝贵的。我现在自己雇了人，就会在面试员工的时候，特别谨慎，真不是钱的问题，而是要看对方是否够聪明，能够在最短时间内完成培训，尽快给公司带来价值，因为时间越长，我们所花的时间成本越大，这些都是隐形的高昂成本；是否够勤奋和踏实，因为好不容易培训出来了，结果不久后辞职了，这给公司带来的损失远不是付了薪水那么简单，要重新招聘，重新面试，重新拒绝其他优秀的合适的人，重新开始培训，重新给公司资源。和这些隐性成本比起来，薪水根本就不算成本。

做的事业有时间复利

所谓时间复利，就是说你做的事，在时间的跨度下，有时间的积累。越到后来越值钱。任何工作其实都是在重复，区分在于，一类是简单机械的重复，技术含量不高，比如一些体力活，或者专业要求不高的脑力活。去年、今年和明年所做的事情都一样，但技术含量不增长，或增长太慢。

而另一种重复含金量较高，每一次重复都在积累和获得行业经验。比如做咨询，投行。深度积累后的核心竞争力，会在互联网的推动下，得到最大化的价值体现。因为一直在蓄势，时间越长，势能越高，一旦开闸，一次的交易量，是有可能超过人家一年的血汗所得的。

而我们需要做的，是尽量在一个正确的方向上，一直默默积累，然后，静静等待时间的回馈。

正确的努力姿势

行业不分贵贱，但确实有朝阳和夕阳之分。尤其在现在的中国，体现得更加明显。感觉中国现在有两个经济——传统经济和新经济。传统经济的数据真心难看啊，感觉好像马上要到崩溃的边缘了。而互联网为代表的新经济确实在蓬勃发展，好像未来一片光明。你的努力在哪条轨道上，有天壤之别。

昨天和客户聊天，客户是银行系统的，说现在传统银行的日子越来越不好过了。自己也在酝酿转型，希望能去做投行或互联网金融，看好未来几年中国公司并购和互联网的行业机遇。虽然最后结论不一定正确，传统银行也在积极转型，但我觉得这个大方向也许是对的。

某位辣妈和我分享了她先生的职场经历，几年前从公司辞职，去了一家互联网公司的互联网金融部门开始创业的时候，收入是辣妈当时的三分之一，而现在，是她的三十倍。

不要低估自己的时间价值

某个名人说过——人的痛苦在于才华配不上梦想。

举个自己的例子吧,最近也碰上一些不错的公司抛来的橄榄枝,但是发现自己对一些专业板块的业务不熟悉,有些甚至是空白。不是梦想不大,实在能力不够,段位太高hold不住,特别有种"书到用时方恨少"的无奈感。心里算着,因为这个专业领域的盲区,损失了多少白花花的银子啊。虽然现在也在恶补吧,但是所花的时间成本就很贵了。就像我前些年的梦想之一是去世界顶级名校读书,现在如果真有机会的话,反倒要慎重考虑,因为去读书而失去这两年事业发展的成本,还真不好说一定是笔好买卖。

在网上看到投行人写的一篇文章,里面有一句话——要学的东西太多,每天早上醒来都在面对自己的无知。

现在就是这种感觉。

所以,不用着急赚小钱,而应该花更多的时间,甚至花钱来投资自己,不断更新。大多数情况下,都是值得的。如果你觉得平时时间很多,不知道该怎么打发,那就真的需要做些改变了——如果你希望改变的话。

/ Chapter 3 /

青春终将逝去，情怀永远不老

/ Chapter 3 / 青春终将逝去，情怀永远不老

青春终将逝去，情怀永远不老

只有不断地让自己进步和成长，才是面对逝去的青春的解药。

对于我去香港读书的事，听到了许多丰富多彩的反馈。

有表示不理解的说："漂泊之所以让人羡慕，是因为你只见到漂上去的，没见过沉下去的——后者才是大多数。"

更有言辞激烈者说："你疯了么，你都多大年纪了——好吧，你的二我永远不懂。"

也有表示观望和不知为什么支持的："好吧，请你继续追逐你的梦想，因为你属于不安分的世界。"

……

其实我也不知道自己为什么要去香港，我只知道，我还没有看够这个世界。时光太瘦，指缝太宽，毕业四年，埋头苦干，四周无光。在所谓的重点高中完整地带完一届学生，也见证了自己从一开始的青涩懵懂到后来的稍有经验和"油

条"。从每天的备课改作业骂男同学怎么不好好早读到教诲女同学你不要哭了老师相信你下次一定会考好的。从每一个月的月考和两个月一次的期中期末考，周末不是在上课，就是在监考，或者在疯狂改卷的末路上狂奔，一边改卷一边骂这学生笨得无可救药实在令人发指啊，或者抱怨"上个星期刚领的红笔笔芯全用完了"。

每天高强度的压榨下，从一开始被撕裂般的成长，到后来的慢慢适应，再到后来的逆来顺受，我告诉自己，在公立学校当老师，生活就是这样。然后用心灵鸡汤来安慰自己这颗不安分的心，嗯，所有的伟大都是在每日的重复中熬出来的，嗯，是的。然后继续备课，上课，改作业改试卷，骂男学生，教诲女学生。

而现在，我觉得不够了。

学生高考毕业前的一个晚上，学生燃烧铝镁粉制造出高考前那个局部绚丽的效果，高三的学生从教室里探出头声嘶力竭地喊着"高考加油"，高一高二的萌娃也都热泪盈眶地喊着"学长加油"。是的，他们在这里经过三年基本上暗无天日的勤学苦读的奋斗，终于迎来了自己的风口，不管风是大是小，终于要展开飞天猪一般的烂漫生活。而我们作为他们的助推者，将目送他们飞远，然后转过一个骄傲和落寞的背影，继续教育安抚塑造下一批教育工厂线刚刚运出来的泛着热腾腾的青春气息的幼崽。对于那些飞走的，其中一些人，我只知道自己帮助过他们，带给他们正面的能量和改

/ Chapter 3 /　青春终将逝去，情怀永远不老

变。其中一些人，我也辜负了他们。能力有限，心有余而力不足。

我想尽量不辜负他们。而这一次，我想不辜负自己。

我知道自己还远没有成长为自己满意的样子，不管是做人的眼界、格局和性格，还是做事的专业和能力。青春逝去得太快，而成长得太慢。而我还没有看够这个世界，活在二十岁的后半段，努力成长，精力无限，一颗心还很软，还有一大堆梦想，还没有理顺人生。而梦想经不起等待。耐克有一个很棒的广告词——Yesterday you said tomorrow, so just do it. 我已经挥霍了太多的 yesterday，tomorrow 已经越来越着急——我憋不住了。

朋友和我说起他在纽约打车的时候，和一个出租车司机等红灯聊天的经历，那个出租车司机说："我已经活了六十岁了，而我现在也不知道自己这辈子活着是要做什么的。"其实，如果不知道自己活着的使命，这样活着也挺好的。如果幸运地知道了，那就要去行动，去改变。只要心够大，装得下，整个世界都是你的。最要命的，是想着要做事，结果一直在混世。

对于未来，我有种模糊的规划轮廓，但具体到做哪些事情，什么阶段到什么过程，做哪些部署和准备，还不甚清晰。但是，那又怎么样呢？对于我来说，香港是个情结，也许待了一年之后，发现是个死结。但是，那又怎么样呢，我

在完全不同的经济文化环境中窥探了更多的世界的样子，在不同种族和价值观的碰撞中重新发现了自己。凭着盲目的自信和乐观，总会走出一条不一定宽阔但自己喜欢的道路吧。某位名人不是说过，人不会为自己做过的事情而后悔，但肯定会为自己没做过的事情后悔。至少以后可以有资格对自己的小孩吹牛说，孩子，去追逐自己想要的东西吧，不管是姑娘还是梦想，因为你老爸当年也干过特别二又觉得特别牛的事，如果头破血流了也没关系，还可以回来吃软饭的嘛。

古人说三十而立，按照现在的话说大概是三十岁在事业上要已经有所成就，得以立足社会。总觉得这不符合当代社会的语境。古人平均年龄就四十来岁，三十岁是要立了，因为再不立就快挂了呀。而现在你念完大学就二十四五了，读了研究生都二十七了。当然不包括那些年少有为的年轻人，意气风发，羡煞旁人。我只能用人生漫漫长路，人生不在乎起点而在于转折点，不差这几年来安慰自己。

三十而立，立的是志向，人生刚刚起步。

况且，我还没到三十呢。

/ Chapter 3 / 青春终将逝去,情怀永远不老

纵使青春留不住

年轻时最重要的事,除了学习,除了认识姑娘小伙外,还是要了解自己,知道想去哪里。

随着自己靠近"伪大叔"的行列,越发深刻地感受到,身体健康和腰缠大把时间,真是人生最大的资产。然而身体健康这一项,只要不生大病,大多数人都不会当什么大事;只要定期运动,小肚子不会太明显;心绪尽量平和,有火就发别憋着,心里难过了就像猪一样在时间的泥潭里滚两圈,时间总会治愈一切,别老拽着不撒手,自己怄气、费劲,也没劲。身体的问题,不出什么大的意外,一般还轮不到二三十岁的年纪去忧虑。

但是时间,尤其是年轻时候的时间,犹如金子般珍贵,然而很多人看不见,因为格局有限,环境局限。

我以前当老师的时候,总是和班上的同学们说,大家高考完后,我不知道你们选什么样的专业,但是有一样是确定

的,你们尽量要去大城市,因为大城市的环境所带给你的眼界和格局,对于你们年轻旺盛的生命的启发和改变,有些时候,甚至比所选的专业还重要。

如今我依然相信当年说的这些话。

现在我的学生们已经开始在大学里生活。平常经常微信交流。我问他们学得怎么样,未来有什么初步规划没。大多数的回答是:

"还行,就这样混呗。"

"关于未来,还不太清楚,先考四六级吧。"

"Spenser,你有没有什么好的书籍或者资料推荐啊,我感觉我的英语要荒废了。"

其实大家不是不努力,而是不知道应该往哪个方向使劲。有句鸡汤这么说"只要你知道去哪里,世界都会为你让路。"

问题是,我怎么知道我要去哪里?

在大城市里,一般职业选择多,平台起点相对高。如果一心要进特别"高大上"的公司,比如投行,比如咨询,一些优秀的人在大学期间就会准备一个接一个的暑期实习,海外交换交流,考GMAT,积极准备申请顶尖学校的MBA,不断地往自己的履历上添砖加瓦。

人家已经在准备重新刷托福雅思成绩了,你还在准备着将来越来越没用的四六级;人家已经在到处投简历找"高大上"的公司暑期实习了，你只是回家乡去个当地小银行打个杂敲个章算是应付了。我从来不认为是学生懒，不努力。在重点高中经历三年炼狱般的生活，以前我在监考，站在台上看着孩子们埋着头奋笔疾书，考完后为了几分成绩掉眼泪的场景，总是心生感慨：孩子们太不容易了。只是，在这样一个制度的框架里，他们没有太多的选择。

因为自己在香港求学，经常会有内地的朋友或者一些家长来咨询留学方向的问题。申请好的学校和找好的工作一样，都是个系统工程，需要提前部署，尽早规划。

网上还有这么一句话："不要害怕你走过的弯路，因为这些以后都会成为你的财富。"

还是觉得这句话扯淡并不负责任。有些弯路就是应该及早纠正。现在行业的分工越来越精细，越来越专业。别说隔行如隔山了，同一个行业里面不同的专业分支都有各自的术语。别拿年轻当资本，虽然年轻确实有无限的可能性和选择，但是落实到每一个人的时候，其实是很有局限的，千万条路，你只能选一条走。而且你要摸索，理解，熟练，最后才能在这个行业有些名气。十万小时的深度积累，你才能成为这个行业的专家。问题是，有多少个十万小时可以挥霍？

另外，时间是有含金量的。二十多岁的时候，身体好，记忆棒，思维快，负担少，可能没什么钱，但是腰缠大把的时间，如同20世纪60年代的野生大黄鱼，泛滥不值钱；饿了没粮食，就吃野生大黄鱼。而三十岁之后，身体素质开始下滑，社会负担大，时间好像如今的野生大黄鱼，稀少珍贵，动不动一条上万。时间成本随着年龄增长，也是水涨船高。年轻的时候没有选好方向，做好未来的规划，等过些年，再转弯就不太容易了，容易闪着腰。

所以，年轻时最重要的事，除了学习，除了认识姑娘小伙外，还要了解自己，知道想去哪里。走这条路的时候别老想着没有选的那条路的风景。因为那条路的风光，自己走着和别人看着，一定是不一样的景。

但是王尔德说，只有浅薄的人才了解自己。

过去相信的，现在开始怀疑；现在相信正确的，未来一定会遭质疑。从某种程度上说，任何的选择都是对的，也都是错的。原以为了解这个世界，其实真正的世界往往在你所了解的对立面。

就像工作和恋人的本质是一样的。都没有完美，再好的工作也有想辞职的瞬间；再美的恋人也有离去的冲动。而且都有新鲜、心塞、瓶颈、徘徊，不同的时间，看法和角度也不一样。有时候，原以为接触的过程是在了解对方，其实，不过是在更看清自己而已。而很多时候，我们其实是不了解自己，却以为对方是这个样子。

或者说，我们的世界，是由我们内心的感知决定的——是的，就是这么唯心。

所以，乔布斯在演讲中说——

The only way to do great work is to love what you do. If you haven't found it yet, keep looking. Don't settle……until you find it.

（成就一番伟业的唯一途径就是热爱自己的事业。如果你还没能找到让自己热爱的事业，继续寻找，不要放弃。）

所以，袁岳说，趁年轻，折腾吧。因为年轻时，折腾起来不用那么费劲；因为折腾了，就知道自己的边界和局限了，使劲蹦一蹦，没够着天花板，接下来的岁月里，可以安心做个俗人。因为年轻时犯的错，是可以被原谅的。

年轻的生命，就像一根蜡烛，两头都点着，在燃烧后，我们能否留下最滚烫的蜡，烙下无憾的印记？

健身

健身不仅仅是和身体较劲,也是和自己较劲——能不能一直坚持做一件你认为正确的事,不会半途而废,不用重新再来。

那天和朋友在铜锣湾的一家上海餐厅吃午饭,两个人点了三个菜,荤素搭配,外加两碗米饭。聊到人在香港的这段日子里,带给自己的一些变化,其中有个大家都觉得共同的东西,就是更加注重自己的身材了。

一直到现在,我还是觉得很幸运,当初在香港找房子租的时候,网上找了一大堆租房信息,最后阴差阳错地落到大围名城。这个小区里,遇到的人,美好的故事,是这座城市赠给我的一份无比珍贵的礼物。而小区里的健身会所,也是其中之一。

小区会所里的健身房,空间不大,但器材比较全,最关键是器材品质好。我虽然不懂这些器材的品牌,当我之后尝试了我们学校的健身房的器材后，就没有去过那里第二次了。这种感觉是关于设计、美学、品位、用户体验的差距，没有办法。

现在去健身或者做运动，要有相对专业的装备，头戴嵌入式运动耳机，上身穿轻薄透气的运动短袖，而不是纯棉T恤；下身穿修身运动短裤或者长裤，根据天气阴晴冷暖而定，而不是随便一个大裤衩或休闲裤。脚上更不会穿休闲鞋走进健身房，哪怕练的内容和腿没什么关系。不知什么时候起对穿着开始讲究起来。心理学上说，一个人的穿着其实是为了加强内心想要扮演的角色——就像男人的西服是工作的盔甲，女人踩上高跟鞋，呼吸的空气都比平时高出几厘米骄傲。

而穿上运动套装，不仅仅为了舒适，而是告诉自己——我准备好流汗了。

打篮球、踢足球等属于团体运动，大家相互协作，一群人与另一群人"群殴"；打羽毛球也是一样，一个人与另一人"单挑"；而在健身房，是自己与自己的较劲。

健身房通常比较安静，最多的声音是跑步机上脚步踩出的有节奏的"嗵""嗵"声和皮带与齿轮滑出的摩擦声，以及旁边人的喘气声。大家彼此没有交流，即使和同伴一起来，也只是间隙交流下，便做各自的项目。不可能边跑步边聊天。一般各自带着手机或iPod，塞着耳机，在自己的世界里，和器材较劲，和身体撕扯。没有别人监督，只有自己知道，练得有没有尽力，是不是推十次的杠铃，推到第九次的时候，就放弃了。

健身房里面的气质，有时候像宗教般凝重，具有仪式感。经常看到一哥们儿，跪在地上，双手抱在头上，攥着器材的手柄，往下拉，拉到底，头几乎碰到地面，缓慢反复，如同叩拜。他应该是在练习腹肌，我看着感动。弄器材的时候，想要练出肌肉，不在于数量，而在于每一组都要尽力，这样才会有肌肉撕裂的效果。所以在健身房练器材的人，表情轻松的基本上是来玩玩的。眼神坚毅，肌肉颤抖，血脉偾张，热汗冒出，才是来健身的标配。健身房里有饮水机，渴了去喝点水，喝水是身体休息的时候，墙面是半透明的镜子，很多人喝着水，凝视着镜子里的自己，什么话都没有，就这样看着，然后把纸杯扔进垃圾桶，继续撕裂。

去教堂是去对堕落灵魂的忏悔，卸下内心的包袱，重新上路；而在这里，是对脂肪堆积的救赎，再次紧致已经开始下垂的身体。

弄器材为增肌，而跑步是为耗氧。最近的睡眠质量一直不好，夜晚十二点躺在床上，心里就已经提前知道可能要睡不着了。黑暗中疲倦和睡意相互谈判博弈，决定我什么时候可以失去意识，往往一谈就谈两个小时，一点效率都没有。早上必然是起不来跑步了。后来就把跑步的时间改到了晚上，从外面回来后，换上运动装备，名城又窄又长的小区

/ Chapter 3 / 青春终将逝去，情怀永远不老

结构很适合跑步，从一头跑到另一头，一个来回差不多七百米。后来发现比起晨跑，夜跑更有感觉。晚上十点的香港，空气潮湿，温度合适，旁边高挑的路灯把路面照成半透明的黄色，跑的时候，从一撮黑暗跑到下一撮亮光，再进入下一撮黑暗，光影之间，适合冥想。听着自己的喘气声，好像是灵魂和身体对话的语言。旁边的草坪的台阶上，多是煲电话粥的人，表情生动，偶尔会听到笑声，和在远处的人表达着思念，倾诉着这里的日子，电话那边的生活。跑了几个来回，他们还在那里；跑完上楼了，他们还在那里。也许对于他们来说，时间是静止的，或者是不存在的。

对于大多数人来说，想要达到自己满意的体型，增加运动和控制饮食同样重要。一个负责开源，一个负责节流。必须承认，用尽力气不算难，难的是克制食物摄入。肉吃得少了，晚餐摄入少了，结果身体不干了，发出各种信号，释放各种体内化学激素来增加对肉的敏感度和饥渴度；甚至影响多巴胺分泌，觉得不幸福了。Stay foolish 挺容易，stay hungry 是太难。人类学说，我们腰腹的脂肪就是要储存着的，以备食物不足的时候拿出来用，要减腹部的赘肉就是反人类。而且现在食物的诱惑太多，多少人的减肥是毁在"每逢佳节胖三斤，仔细一看是三公斤"。减肥如同逆水行舟，不进则退，很多时候，能保留在原地，就算不错了——哪有什么胜利，挺住就是一切。而且随着年龄增长，地心引力仿

佛也跟着长，松弛和下垂，简直是不可逆的宿命。

克制，永远是比"用尽"更难的工作。性多了，容易不举；吃多了，一定难瘦。很多事情，皆是如此。所以真正的力量，不在于对力量的释放，而在于对力量的控制；所以真正的自由人，不是放纵的人，而是学会自律的人。

有时候，减肥也好，健身也罢，不仅仅是和身体较劲，也是和自己较劲——能不能一直坚持做一件你认为正确的事，不会半途而废，不用重新再来。

/ Chapter 3 / 青春终将逝去，情怀永远不老

毕业五年，我却把房子卖了

卖房不是因为缺钱，而是希望自己的时间和资本投射在更值得的事情上，不想被牵绊，不想陷于琐碎，内心保持专注和透亮。

五年前大学毕业，在家乡的所谓最高学府任教，有稳定收入，有社会地位。家里经济条件也还凑合，第二年买了房，马上又买了车。父母觉得儿子的大事已办，不用操心了。而在外人看来，有房有车有好工作，算半个人生赢家，就等着迎娶"白富美"了，一派走上巅峰的节奏。

可谁想到，五年后的我，放弃了编制的工作，车子留给老爸开，还卖掉了房子，一切归零，重新开始了。在这座三线城市，除了家人和朋友，已无身外之物。

来香港刚开始念书的时候，发了条微博，"在应该奋斗的年纪，选择了稳定，在可以稳定的年纪，却选择了漂泊；我的人生，真是一出乱码"。

五年前的自己，应该做梦也没想到，会是这么一出戏。

为什么卖房？

一直想着这套精装修的房子该怎么处理，卖掉吧，肯定亏了；租掉吧，舍不得；但是又不住，就这样空着。隔几个月回家，就住几天，搞得和度假酒店一样。这套房子，如同鸡肋。

原来的资产，如今已经变成负债。

这房子如果是在北上广深，我肯定不会卖，人家涨得正欢呢。但是如果是二三线城市，已经不具备投资价值，甚至还有继续贬值的风险。如果不自己住，留着其实没多大意义。

但犹豫了一年多，为什么现在说卖就卖了呢？

因为有物质基础了，有底气了呀。后来我开始想明白了，其实房子并不能带来安全感，稳定的工作也不行；按照朋友的话说"你现在倒是潇洒，一身轻松呀"，我知道，内心确实多了一些自信，和淡定。

现在经常被问到的两个问题：

你以后不回来，就做香港人了吗？

你的房子要买在香港么，还是在上海、宁波？

我的回答一般都是——如果你一年能赚200万以上，在香港买房或者上海买房都是一样的，因为都买得起了呀。至于做香港人还是内地人，看哪里有更好的事业机会，就在哪里好了，现在都是"国际人"的概念了，只能说居住在哪里，至于是哪里人，也没那么重要。当然，以后有小孩之类的，再慎重考虑。

《华尔街之狼》里莱昂纳多扮演的角色给员工说的那句话：I want you to deal with your problems, by becoming rich.（我希望你们通过变得富裕，来解决你们的问题。）

够世俗，够拜金，够功利，但是，在大多数情况下，这就是现实，就是真理。

好的收入并不一定带来幸福，但确实会改变思想的格局，和思考的维度。按照以前，卖不卖房子还是会顾虑很多，比如装修的钱亏了多可惜！比如没房了姑娘不肯嫁给我了怎么办？现在这些问题都不会太担心，因为有底气了。卖房也不是因为缺钱，而是希望自己的时间和资本投射在更值得的事情上，不想被牵绊，不想陷于琐碎，内心保持专注和透亮。

好的收入还会提升品位。这几天清理屋子，有些带走，有些留下。发现满满一屋子的东西，真正需要带走的，真的不多。一边整理衣橱，一边恶心自己——

"当时的品位还能更差么，怎么这种衣服都会买回来，这面料，这设计，这剪裁，哎……"

过去几年衣柜的衣服，真正带走，以后可能会穿的，装不满一个24寸行李箱，其他全部塞进麻袋捐掉、扔掉。

不过话说，如果现在的你想掐死过去的自己，那也算是成长和进步的证明吧——也就只能靠这个来自我安慰了。

好的收入可以有能力让身边人过得更好。

老爸经常和我说的一句话是：你现在做的事业，我已经看不懂了，但是，一个人在外面奋斗，身体健康，注意安全最重要，钱多赚少赚些没关系。老爸还能再做几年，做你的后盾。

而我这次回来，和他说：老爸，我知道你还能挣钱，但我希望不久后，你就可以不用挣钱，我来养你好了。当然，我知道你享受的是挣钱的乐趣，要不然退休多没意思啊，哈哈。

老爸开着车，笑笑，可能是嘲笑我不自量力，也可能是别的……

朋友知道我卖房子了，一边表示支持，一边问我，你看这房子，也没住几年，还装修的，卖亏了，会不会有点可惜。

我说，当然会呀，但是现在卖只是断腕，以后卖可能就吐血了。

但其实我真正想说的是，金钱成本，和时间成本比起来，真不算什么。

网上流行一句话，说毕业五年，决定你的一生。其实五年并不是一个绝对的点，而且现在是互联网时代，未来还孕育着很多机会，不知道什么时候出来吓你一跳。但是，从过去的五年到今天，好好想想，这个世界发生了多大的变化。五年时间，足够决定一套思维方式，一种生活方式。

所以要重新开始的话，归零要趁早。因为归零其实没什么好嘚瑟的，关键是归零之后，要知道去哪里、做什么。不然，你就真的只剩下零了，连之前的"一"都没了。

这几年经常被调侃，说你现在混得不错呀，当初怎么这么有眼光，有勇气从那么好的体制内出来呢？

我笑笑：人家都从央视出来了，我这算什么；当时离开的时候，香港读书至少花了二十万吧，不工作也损失近二十万。左手出右手还没进的，两边都是花钱。当初有勇气倒是真的，有眼光绝对是假的。

但是，没办法啊，有房有车就是无法满足我内心的缺乏，我就是那么贪婪得一定要过自己喜欢的生活方式，做热爱的事。我们离开家乡，很多时候，不是因为能力，而是因为性情，因为我们肿胀的内心，因为青春逝去的焦虑。

关于工作，我有自己的理论，现在社会和职场，从来不缺乏努力工作、追求上进的人，但是同样的努力，在不同的平台下，得到的收获是完全不一样的。这点我本人已经验证过了，不要和我说什么努力了就有回报这种话，你和你的同龄人同样努力一个月，收入差距二十倍，你觉得你的回报还有价值吗？如果你每天都说你很忙，生活品质和收入却常年不涨，我不能说你的努力一文不值，因为你至少消耗了时间。所以选择比努力重要太多倍，不要再强调了，就像那句很流行的话——不要用战术上的忙碌，来掩饰你战略上的懒惰。让你的努力更增值，是对时间，和对自己的最大尊重。

如果收入不能用来衡量努力工作的唯一价值的话，那就要看你是否热爱这份工作。以前温饱是第一位的，有工作就不错了，哪管什么喜不喜欢，太矫情；现在不一样了，物质丰富，没工作一般也不容易饿死。所以工作不再是单纯为了谋生，而是为了实现价值和找到热爱。因为内心是不会说谎的，自欺欺人是没有用的。还在从事现在的工作，无非两种因素，要么是因为热爱，要么是因为恐惧。现在还在天天抱怨工作的人，趁早辞了吧，又不是没工作活不下去。但是，如果没勇气外加没能力，那就最好闭嘴。应该感恩，而不是吐槽，这是智商问题。

就用和菜头的一段话，为毕业五年的自己立言：
我会听别人的想法和意见，但不会被其左右，我只听内心自己的声音，只做自己认为正确的事，和成为自己想要的人，不会被世俗规范，更不可能被舆论绑架。

如今又重新上牌桌，手里拿一副新牌，目前看着好像还不错。

这次不赢，不下桌。

/ Chapter 3 /　青春终将逝去，情怀永远不老

赶早结婚是上个世纪的残羹冷炙

在香港的男男女女一般都过了三十才结婚，因为那个时候经济都相对独立，思考也更加成熟，更加清楚地知道自己所需要的另一半是什么样。

在家乡非常要好的一位女性朋友（天地良心，真心是女性朋友而已）突然发微信给我，说她失恋了。我打电话过去，一通无用的分析和温暖的安慰。当然，谁对谁错已不再重要，碰上了就是命运，生活里总会闻到鲜花或踩到狗屎。但是她说的一个想法倒是引起我的重新思考和审视：她说在象山这个小地方，身边人的舆论总会给自己压力，什么年龄不小，应该要嫁人啦，再拖下去好男人都被抢光，会没人要啦，等等。

我知道她是一个独立思考能力比较强的人，但是身边充斥的剩女舆论确实让她感到心烦。

然而我现在越来越深刻地认为，这种舆论不仅不负责任，而且犹如温柔的精神砒霜，毒害不浅。

中国的家长总是告诫自己的女儿说要好好读书，不要谈恋爱，然后毕业后就恨不得马上把女儿嫁出去，找个好归宿，没有给予她们足够成长的阶段和耐心。当然现在对于大学谈恋爱的态度已经开明很多了，如我的老师 Nancy 就希望她女儿在大学能谈恋爱，说这是必修课。我不能更同意她。但是对于早点结婚的态度还是很保守，好像越早嫁出去越有优势，爱之深，情之切，好像心中也有个 deadline 似的。导致女孩本来自己也没那么着急，想慢慢挑、细细选来着，结果被搞得好像谈个恋爱就被一双双焦急的眼神窥探着，耳边还不停地萦绕着回声说："在一起，在一起……"

其实，何必对自己的女儿这么没信心呢。而且，嫁出去了就一定万事大吉了么？

婚姻不管对于男人和女人来说，都是人生最大的一次赌博，再权衡都不为过。

因为当一个女孩子说"I do"的时候，只有一个理由，就是我爱你，想和你永远在一起。试想她没有完全做好思想的平衡和内心的决定之前，被这些舆论影响了她这一生最重要的一次判断，婚后如果幸福地在一起了那还算圆满，万一在若干年后不幸地发现自己选错了，以离婚收场，可想而知又会听到一种舆论的声音"好可惜，不是挺好的么，就这么散了"或者"有些时候生活就是这样啦，要学会珍惜啦，不能要求太高啦"等等。

除了父母，所有谈论的人都可以有恃无恐，因为这不是他们的生活。他们只会咀嚼着谁和谁在一起了，谁和谁又分开了这些单一的点和结局。而其中的所有心酸和无奈，只留给当事人品尝。

虽然不是那个最终做决定的人，但那些催早结婚的人，难道不是制造最终悲剧的帮凶么？

很多时候，看似赢了战役，却输了战争。

至于另外一个论调——说女孩年龄越大就越贬值没人要。

这是个谎言。

有一个爱情经济学的理论说，爱情就像谈判的博弈，都是拿自己的筹码和对方的筹码交换，如果能等价交换，感情往往会更牢固。虽然爱情这东西一被拿来量化和分析吧，大众就不高兴。但是有些时候不得不承认它的合理性。随着女孩年龄增大，也许皮肤不再紧致，身体的某些部位开始下垂，但是个人经济独立性开始增强，品位会提升，穿着更加精致，举手投足更加有味道，思想更加成熟。而这些才是一个男人真正看上的东西，而且还不会随着岁月而贬值，反而增值。面对一个只有外表而无内涵的女孩子，一个真正成功自信的男人，只会短期炒作，怎么可能长期持有呢。

所以如果一个女孩只想凭着自己年轻的身体来做筹码，也许能吸引到一大票和她一样有精力没能力的男人，因为彼此的筹码都一样。而所谓的被大众认为的年龄偏大的女孩，只要她有能力，也许她吸引的男人范围开始缩小，但留下的都是些层次高得多的男人。而恋爱和婚姻也会变得更加有趣和美好。

是的，无论二十多岁，三十多岁，四十多岁，或者五十多岁的老男人，大多喜欢年轻貌美的女孩子，但是，他们不会仅仅用下半身思考。

在香港，也认识了一些港女，"港女"在社会语言学中属于贬义词，她们拜金、物质、看不上一般男人、喜欢依附强者。其实，换个角度思考，她们经济独立，自己能养活自己，买得起奢侈的包，配得上她们精致的妆容，气场和魅力指数都不错。她们哪怕没有男人也可以生活得风生水起。给她们贴上负面标签的男人们，多少是有些 hold 不住她们，有种"吃不到葡萄说葡萄酸"的无奈感。

在香港的男男女女一般都过了三十才结婚，因为那个时候经济都相对独立，思考也更加成熟，更加清楚地知道自己所需要的另一半是什么样。同样的，一个成熟的社会也更有包容度，会更加尊重每一个人的生活方式和人生选择。而在象山的四线城市女孩们，还是希望她们能够真正追随自己的内心，专注自我的提升，而不要太被落后的舆论左右。

我的爱情，与你何干。

/ Chapter 3 / 青春终将逝去，情怀永远不老

不负春光，野蛮生长

在北京，有躲不了的雾霾，治不了的拥堵，买不起的房子，但是，对于很多年轻人来说，也许只有这座城市，他们的梦想，会更容易被资本青睐。

这次来北京，彻底改变了对北京原有的印象和判断。

雾霾下的京城，生命盎然。

CCTV证券咨询频道的主持人Daniel前些天和我说他们频道牵头，办一场投资"思享会"，探讨金融和媒体的关系，他说我主业做金融的，又是自媒体人，希望我来做个分享。

分享的地方不是在央视大楼，而是在二环里的一座四合院里，挨着雍和宫。下了出租车，走进东四十三条狭窄的胡同，两边有流动摊位的小贩，卖着袜子，做着煎饼，一派市井气息。

我问Daniel，你确定是在这里办活动吗？

我的职业思维定式是，做这种投资分享、财富论坛之类的，一般都偏爱选高级酒店，以彰显公司财力或主办方档次，今天喜来登，明天半岛，后天香格里拉。而在四合院办这类活动——

当下的内心戏是，皇城脚下的人，真能玩。

红墙，青釉，假山，流水，越过门槛，进入大堂，又是一个会所，私密，小众，低调。

四合院的主人，老北京人，自己做投资。

来的基本上是创投圈的人。北邮的大学教授王立新分享这几年将要推出的5G，关于物联网，关于私人定制的精准营销；厚持资本的高鹏分享他如何做云产业链的投资思路，和他相信的互联网投资思维的两个核心：项目必须资本化；赢利模式与商业模式应该相互分离。

而我自己也分享了在互联网下自媒体人的商业逻辑。还好之前准备了一些，也经常讲这块的内容。

没有形式和规矩，没有情怀和梦想，谈的全是未来的思考和现在的布局。干货很硬，气场很强。

分享，问答，讨论，近三个小时。晚上四合院的主人摆了两桌，在京城四合院里，大家一起吃饭聊天，一抬头，院子上空，一轮京城的月亮。

晚上从四合院出来，还是小胡同，还是市井小贩在叫卖，还是轻度雾霾。

/ Chapter 3 / 青春终将逝去，情怀永远不老

一墙之隔，两个世界。

第二天去了公司在中关村的办公室，见了肖璟Raphael——《风口上的猪》作者，前年就在网上看过他的书，而现在我们居然成了同事，人生真奇妙。

Raphael在香港中文大学毕业后，入职上海麦肯锡，后来在北京创业，败了一家，卖了一家。

我说既然来中关村了，就要带我去有互联网思维的餐厅吃饭。

我们去了黄太吉。

"和上海、深圳、香港对比，北京互联网的创业氛围是最浓的。"他说，"创投圈的人都在这，在这可以学到很多东西。"

所以雾霾也赶不走大家的热情。

饭后他带我转了下旁边有名的中关村创业大街：天使汇、黑马会、京东开放孵化器、中国人投资中心，以及大大小小的创业氛围的咖啡店、联合办公的场所，氪空间里还有床和淋浴房。

这种气氛是香港没有的。香港有金融，但没有互联网。

以前觉得北京出租车司机谈的都是中南海人事调动，现在这里的人聊的都是互联网的事。

这里"90后"就是公司的CMO、COO；毕业两年的

小伙，名片的头衔就是投融资经理，口里说的是估值、风投、天使和A轮B轮、商业模式等。钱在这儿，资源在这儿，只要你年轻，有想法，有执行力，就能拿到钱；能讲一段好故事的，估值还能翻个倍。

这里的"60后"和"90后"一起玩，老的负责出钱，年轻的负责出力。这座城市比想象中要年轻，真是美好的世界。

我又忍不住拿北京和香港做对比。

有人说香港本地的年轻人是没有梦想的，因为房价高得离谱，香港人很勤奋，但一生就是为成为房奴而奋斗，有了房之后，为还贷款而奔波。但这只是表象，房价北京、上海、深圳就不高么？我想关键还是因为香港的社会结构太稳定，太单一，阶层流动渠道太窄。香港没有互联网的人口基数和生态基础，有的太多是保险经纪、房产经纪、金融中介，导致香港人多有打工思维，而不是创业思维。还有就是没有大量丰富的创投资本流向年轻人，因为没有生态基础，投资圈的人就不在这儿，当然也就不会聚集想要融资的年轻人。在这里拿钱的门槛和成本太高。

当然，身边也有港漂的朋友用互联网落地了一些不错的项目，但这毕竟少数，而且规模也不大。

当Sasa、卓越、周大福都接入支付宝的时候，那一刻我感到香港在互联网方面，已经被内地甩出了几条街。

几年前刚来香港的时候，香港本地人都用 WhatsApp，当我说我用微信的时候，他们好些人的反应是，我们香港人不用内地的软件，不好用，不安全。而前段时间的酒会上，香港人说，我们加个微信吧。

当然，香港的核心竞争力还在，尤其在税制、法制上的优势。但是，要再谈骄傲和优越感，就显得有些井底之蛙了。

我在想，为什么这次对北京的印象，和之前会有那么大的不同？

可能是因为圈子。

让你喜欢或者讨厌一座城市的，并不是城市本身，而是你在城市里属于你的圈子。

在香港的港漂们，有多少说不喜欢香港，准备离开的人，就有多少说喜欢香港，赖着不走的人。于是经常会看到文字辩论，口水乱战。谁都是有道理的，但都是片面的。因为立场决定真理呀。世界也许变得越来越平，但一座城市，尤其大城市，就是分阶层和圈层的。划分的标准，不一定是钱和地位，也许是这座城市有没有爱的人，有没有好友圈，有没有热爱的工作，等等。只要你最看重的东西在这座城市里拥有，就是你喜欢留下来的理由；反之亦然。

在北京，有躲不了的雾霾，治不了的拥堵，买不起的房子，但是，对于很多年轻人来说，也许只有这座城市，他们的梦想，会更容易被资本青睐。

　　汪峰在用嘶哑的嗓音唱着：

　　咖啡馆与广场有三个街区
　　就像霓虹灯到月亮的距离
　　人们在挣扎中相互告慰和拥抱
　　寻找着追逐着奄奄一息的碎梦
　　我在这儿欢笑
　　我在这儿哭泣
　　我在这儿活着
　　也在这儿死去
　　……
　　北京，北京

/ Chapter 3 / 青春终将逝去，情怀永远不老

在美利坚的彷徨与骄傲

我更感兴趣这个城市的人，因为他们才真正承载着这座城市乃至这个国度的风貌。他们在这里学习、工作、生活，所形成的想法、态度、思维，才是真正吸引我的内容。

去美国的时候，朋友很有心，帮我找的房子地理位置极佳，就住在 Harvard housing，十九楼。倚在阳台上，十二月的阳光映着眼前的查尔斯河，和两旁砌着百年红砖的哈佛大学，显得格外亮堂。白天走校园逛博物馆轧马路，晚上和朋友吃吃饭聊聊天，或者干脆找个温暖的咖啡馆或宅在家里看书写东西。不着急无目的，没有匆忙的心情，享受在一个城市慢慢生活，融入这片城市节奏的感觉，而不仅仅是到此一游。

波士顿算是美国最古老的城市了。这个城市像是一部美国历史的聚集地。随便拿出一条街，一个公园，一座建筑，一所大学，动不动就是"几百年"，"建国初那时候"的腔调。1636 年建成的哈佛大学，建校史比美国的建国史

还长；走在1898年落成的波士顿公共图书馆，有种漫步历史的沉重感，严肃到不行。更妙的是，这种历史建筑并没有被生硬地保护起来，割断了当代与历史的连接，而是免费向公众开放，自由借阅，那一刻耳边隐约回荡起"from the people, by the people, for the people"的声音；漫步在著名的波士顿公园，驻足在各种历史雕塑前，配上十二月的冷肃，仿佛都能听到当年自由的枪声。

感慨老美对于自己国家的历史保护确实做得还有模有样的。

但这些都不是最吸引我的。

我从来不是一个揣着历史情怀的人，无法从一群冰冷的历史建筑中看到一个民族的气质和活力。我更感兴趣这个城市的人，因为他们才真正承载着这座城市乃至这个国度的风貌。他们在这里学习、工作、生活，所形成的想法、态度、思维，才是真正吸引我的内容。尤其是在这里的留学生们和在这个城市工作的中国人。

朋友He已经哈佛研究生毕业，目前在波士顿工作，这几天跟着她混，认识了一些在哈佛念书或者毕业工作的中国老乡。前天晚上坐在哈佛广场的星巴克里等她，她加完班已经是晚上九点。随她去朋友家里的小聚会，一屋子中国哈佛留学生在温暖的客厅里面嘻嘻哈哈，顿时发现在海外一起讲普通话是种多么亲切的感觉，印证了语言学的那句话——语言就是身份。

　　Lu 貌似是这屋子主人，给我们端上了热气腾腾的火锅丸子面。后来 He 在聊天的时候特地和我介绍说："Lu 是一个传奇人物，你去百度搜她，全是她的作品和事迹。她在一席上做过演讲。"

　　一席的演讲我有在看呀。那一刻大脑神经"噌噌"冒着光，激发着寻找过去的链接。想起来了，我两年前在网上看过她主题为"炸弹，树木和黄金"的演讲，当时还把这个视频链接给了 He 看，调侃她说同样在哈佛学设计的，人家都那样了，你怎么还没混出来呢……

　　没想到会在这么一个场合见到本人，世界真小。

　　Lu 在美国西海岸读的本科，目前在哈佛快博士毕业。我们东扯西扯地聊了一大堆有用没用的，从言语中能感受到她溢出的才华，她对于自己的领域非常投入，希望毕业后去北大教书。

　　聪明，知性——她完全颠覆了我对于女博士的印象。

　　十一点钟回来，和 He 沿着哈佛校外古老的马路走着。

　　我调侃她说你们哈佛毕业的工作得符合两条标准：要么就是起薪特别高；要么薪水不高，但是未来增幅很大。

　　她很认真地回答说，两者都没有，她们公司的前台也是哈佛本科毕业的。

　　她说美国的本科教的很多内容都是一些形而上的东西，

什么哲学、人文、经济或社科之类，抑或一些理工科的基础学科。而像医学院、法学院、商学院等很多专业的知识，很多都是研究生阶段才读的。

"也有很多人毕业后去华尔街或自己创业，而且哈佛这里从来不缺天使和风投，看了太多毕业生递过来的名片，头衔动不动就是什么 CEO 或总裁之类的。但是，那又怎么样呢？大家一开始生活还是很辛苦的。"

"这里的学生也大多没钱的，有钱的一般是内地来的富二代。但是，现在这个年纪，关键是理想啊。"

我觉得她和 Lu 都有个共同点——她们的学术或职业选择，都是自我价值观驱动的结果，知道自己的性格特点、优势和劣势，做相对忠于自己的选择。

He 和朋友们去滑雪，约我一起去。我自己也没带装备，最关键是担心受伤，可不想这次美国之行终结在自己的意外事故上，双脚还要继续在这片土地上多踩几天呢。她说那这样，你下午可以参加中国留学生举办的读书会。

后来证明，对于没能和她一起去滑雪这件事，我一点都不遗憾。

读书会在她住的房子楼下会所里，下午三点开始，我穿过哈佛校园，提前十分钟到。陆陆续续来了一些中国留学生。不一会儿半圆形的场地就围坐了十来号人。彼此寒暄介绍之后，我大概了解到他们是附近哈佛大学和东北大学的学生。我问了其中一哥们儿,"你们都是在读研究生么?"

哥们儿说:"哦,怎么说呢,我们这儿吧,没有没读过博士的。"

……

这次读书会的主题是"从毕加索、格伦·古尔德、邱阳创巴来谈人生的孤独与彷徨"。我一听也是醉了——要不要这么形而上!要不要这么文艺!

做演讲的是一个小伙子,休闲格子衬衫搭卡其色裤,脖子围着暖色系围巾,气质文艺,眼神犀利,举手投足谈吐和说相声的曹云金一个味儿,天津人。他坐着讲,用幻灯片展示着毕加索各个时期的绘画作品风格和古尔德的音乐和邱阳的书,聊着作品折射出来的大师们的孤独和彷徨。从整个演讲叙事内容的结构、组织、铺垫,到说话语气的强弱和重点,包括脸部表情和肢体语言的配合,这哥们儿的水准都可以上 TED 了。而最关键的是,这么一个虚无缥缈的空大主题被他诠释得确实很有深度——这哥们儿有货呀。

大家围在下面听得很认真,遇到不明白的就打断问,他回答完后继续讲。讲了一个半小时,内容很高能,呈现接地气,学了不少。

之后大家点了外卖,在会所一起吃了温暖的晚餐。他们个个都挺能聊的,还好自己也算是半个能侃的货,倒也和他们谈得愉快。

聊创业。Cheng 是哈佛商学院的博士,本科在哈佛念的哲学，她说她分析了那么多案例，听了好多商业的思想和创意，其实成功的关键不在于想法，而在于执行，执行力才是王道。

聊美国生活。Wang 是北京女孩，美国读完 MBA，在曼哈顿工作，做银行信用分析之类的。她说她刚来纽约的时候挺兴奋，又是在著名的第五大道上班，满足了自己的幻想、别人的期待。但是现在觉得留在美国也未必好。

"国内每天都发生着变化，而美国每年都一样。"

"洛克菲勒中心那棵著名的巨大圣诞树，每年都会拿出来重新再放一次。"

以她在美国的学历和曼哈顿工作的经历，回北京可以再找一份薪水不比这边低的工作。父母在北京，国内有稳定的朋友圈，她觉得在这里工作除了所谓的光环以外，也没有太多留恋，她在考虑要不要回国。

对于海外留学或工作的人来说，留下还是回国这个问题，似乎永远是横亘在心中的太平洋，翻滚着内心深处的暗流。

我和她说其实你心里已经有一个倾向，接下来就是选个合适的时间，等条件成熟，追随自己的内心。

他们来自不同的背景，跨越了 11 个小时的时差，在这片熟悉又陌生的土地上，调侃着孤独和彷徨，嬉笑着爱情和理想。

他们是一群天生骄傲的人。

/ Chapter 3 / 青春终将逝去，情怀永远不老

马上就要离开这个城市去纽约了，回忆已经足够美好，未来还在招手。某人说波士顿是去过最喜欢的地方，没有之一。不知道在未来的日子里，会不会经常惦记，时常想起。

纽约的梦

不管做什么事情，是什么身份，只要不违法犯罪，基本上没人来评价你。个人生活方式的选择，基本上都会得到别人的理解和尊重。没有人站在所谓道德的制高点对别人进行道德绑架，舆论淹没。

我已经在美国这片熟悉而陌生的土地上晃荡了半个多月，从一开始飞机刚落地时的兴奋，到现在离开时的淡定，走过的路，看过的景，遇见的人，内心的冲撞，一幕接着一幕，像做了一场丰富的梦，需要今后漫长的岁月来消化。

Qiao 和他的朋友们沿着高速公路一路南下，把我送到了纽约曼哈顿住的地方，位于著名的第五大道和三十四街的交接处。一下车就被四周的嘈杂淹没，一秒钟驱散十二月冬夜的冷寂。住的地方叫 Herald Tower，大门上印着几个烫金大字——Luxury Rented Building。拖着行李，站在大门前，眼神有些兴奋，心想终于来纽约了。

/ Chapter 3 / 青春终将逝去，情怀永远不老

他们说，是不是每个心怀梦想的人，都有一个属于纽约的梦。

一抬头，看着头顶上的建筑有些眼熟，楼下好多游客都在排队，问旁边的黑人大哥这是什么楼。

"Man, this is Empire State Building. Do you need a ticket？

（先生，这里就是帝国大厦，你要上去的票吗？）"

原来自己就住在帝国大厦旁，那个电影里演绎着浪漫桥段的帝国大厦，终于理解为什么之前问朋友地理位置好不好的时候，都会遭来鄙视的眼神，"什么叫好不好啊，这个位置是曼哈顿顶级的好不好。"

确实是顶级的，左边是著名的第五大道、帝国大厦、洛克菲勒中心，右边是麦迪逊广场，往上可以走到曼哈顿上东区和中央公园，往下走就是华尔街和唐人街。一句话，我住在曼哈顿的最中心区。

如果说波士顿是一个衣着得体、风度翩翩的绅士，那么纽约更像是一个脖子上挂着条粗金项链的暴发户。在这里一切都赤裸裸地展示给你看。在曼哈顿上东区灯光融合的餐厅享受了食材极好、服务极佳的午餐。而旁边楼下的地铁里的钢筋却滴着锈水，刺耳的列车声带来阴冷的风，月台上睡

觉的流浪儿裹一裹破烂的棉被继续睡觉。走在马路上，各种肤色的人挤在一堆，熙熙攘攘地操着各种语言，穿着各种服装。果然纽约才是大熔炉。

在这里，好像发生什么事情都不用惊讶。我买了个面包在路上吃，一个黑人大哥会走过来问我能不能分享一些给他。大街上一哥们儿在寒风中拿着麦克风热情澎湃地大声读着《圣经》，陶醉其中。地铁过道里一白人拉着手风琴，旁边黑人小伙敲打着脸盆，动感十足。月台上等车有时候是愉悦的感觉，因为经常有乐队在旁边演奏。有一次看到乐队的主唱突然停下来，走过去拿过一对情侣的手机，帮着拍下他们在音乐中跳舞接吻的视频，然后回到乐队接着唱。

朋友说，在这里待得越久，就越能体会到"自由"的含义。家庭年收入四万美元到一百万美元的都叫中产阶级，都可以过上体面和有尊严的生活。因为都有房子可以住，区别只不过大和小，靠街边还是靠花园；医疗和孩子的教育基本免费，不会给生活带来巨大的压力，所以大多数美国人没有储蓄的习惯；另外美国的物价很低，吃和穿和开车都花不了什么钱。这点我实在是嫉妒的认同。几十块钱就可以吃一顿非常奢侈的大餐；在超市买一车后备厢的食物，都不一定能花上一百美元。

但更重要的是，当政府保证了物质上的自由之后，精神的自由就来了。因为不太需要为温饱和未来担忧，就不需

/ Chapter 3 / 青春终将逝去,情怀永远不老

要听一大堆的成功学来告诉你说要拼命工作,要巴结领导,要出人头地,而更多的是在追寻自己感兴趣的事业来做。就不需要恋爱的时候看对方的家境来寻找安全感,可以真正听从内心爱的感觉。在美国,大多数的生活比较简单,没有那么多诱惑、挣扎,平时上上班,晚上陪家人孩子,周末开车出去玩或者收拾自己的大 house。看到四周的美国人,十个里面六个胖,在"大农村"尤其如此,不知道是不是和福利好有关。当然,想要在美国找到工作留下来,对于很多人来说,并不是件容易的事。

但最重要的是,在纽约,甚至在美国,不管你做什么事情,是什么身份,只要不违法犯罪,基本上没人来评价你。个人生活方式的选择,基本上都会得到别人的理解和尊重。没有人站在所谓道德的制高点对别人进行道德绑架,舆论淹没。这毕竟是件愚蠢的事情。

如果一个人的成功不是得到社会认可的唯一方式的话,那剩下的就是有趣了吧。

所以这里对一个人很高的评价是"He(She)is pretty interesting"。

感觉稀里糊涂地就在纽约待了一个星期,和朋友吃吃饭,聊聊天,四处转转,看看博物馆,逛逛中央公园,吃着朋友妈妈烧的湖南菜,满足得不行。购物的时候看着 made in China 的衣服在第五大道卖就提不起兴趣,想着这面料

还不如我们大象山产的好。帝国大厦虽然在旁边，却不想在大冬天排几个小时的队，终究没有登上去俯瞰纽约全景。2014年最后一个夜晚，曼哈顿时代广场人山人海，我没有大的热情去倒数。想想终究是因为岁月吧，那些只是象征意味的东西，在生命中里渐渐褪色，没有参与，亦不觉得遗憾；现在越来越觉得，去哪里或在哪里真不重要，只要身边有爱，做事有光，就是对时间最好的不辜负。

这次美国行，心里清楚，是一次迟到的约会。但时光并没有辜负我的等待，一路上带给我的丰富，已超过我的期待。虽然没花什么钱，但是玩得很任性，游得很有深度。边走边看，也更加清楚地知道，自己未来想在哪里过什么样的生活。美国很大，波士顿最美，纽约很精彩，但这些都已经从自己的梦想清单中划去，留在了最美好的记忆深处。

过去的这一年，在生命的长河里，绝对是浓墨重彩的一年，从香港到纽约、波士顿，心里的遗憾得到弥补，梦中的念想已得到满足，青春的骚动也得到释放。时间并不残忍，世界还很大，但自己的篇章，我已经够。接下来的日子，可以找个城市，或大或小，娶妻生子，默然相爱，挣钱养家，寂静欢喜。

终于回家了……

/ Chapter 3 /　青春终将逝去，情怀永远不老

我们注定要和一些人告别，和另一些人连接

现在想要了解一个人，或爱一个人，光表示理解是无用的，走近他的世界也是不够的，要成为他世界里的玩伴，负责共同成长，负责彼此成就，负责填上彼此的空白，成为两个相互咬合的齿轮，去共同面对岁月的不断轮回。

这个时代的我们，注定要和一些人告别，和另一些人连接。

每次飞回家，因为待的时间不多，见的朋友越来越少，但是兄弟 L 一般都会抽空见下。我们初高中同班，六年同窗，共同的成长经历：他数学比我好，我英语比他强；打篮球我负责杀进内线，他负责外围投射。大学毕业后各自回到家乡体制内，他是思想走在年龄前面的人，几年仕途摸爬滚打，当上副科，去年五月结婚，今年马上要有宝宝了。

前些天回家，夜晚九点半，他开车送我，熄了火，我们坐在车里，没有开灯，窗外下着雨，我感慨：

"一年半以前，我们俩的人生轨迹还几乎是一样的，可如今，你结了婚，马上有了小孩；而我，离开了这地方，换了工作，现在还卖了房子。"

他苦笑着说："我负责任地跟你讲，你一定要珍惜现在的日子，前两天我坐在马桶上，想着我未来的dream list(梦想清单)，其中一个是——我想去美国洛杉矶斯坦普斯中心，看一场科比退役前的比赛。现在看来，是不可能的喽。工作没有假，老婆还等着生呢。

"但是，当父母得知我老婆怀上了小孩后，高兴得几乎跳了起来。那一刻，感觉我们做儿女的，能让他们这么高兴下，也值了。

"你会更自由，我会更稳定。我们以后的交集可能越来越少了。挺好的，每次回来，我们还能这样聊半个多小时。"

下了车，内心惆怅。我们都追求了各自理想的生活方式，交集真的只会越来越少了，不再可能是日常的琐碎，今天吃个饭，明天打场球。如今各自圈子不同了，关注的点也不一样了，可以相互理解，却没有参与的必要了。这真是个残酷的现实。

唯一不变的是，这些年的感情，会在记忆里闪闪发光，只要需要，就会出现，就像你结婚，再远，也要飞回来参加。

至于科比的退役赛，我会替你去看。

Chapter 3 青春终将逝去，情怀永远不老

前些天在上海，坐了半小时的动车，去了趟无锡，见了我的读者，之前一直微信交流，未曾见面。她老公是无锡最有名的律师之一，最近也成了我的大客户。反正乎公于私，我都去了。

和他们在律师事务所里，从下午三点钟一直聊到晚上吃完饭。聊彼此颇有些相似的体制内外的经历；聊因为共同关注的公众号而结交的共同的朋友；聊到对互联网社群的看法和体验。

他们给我定了最好的酒店，分开后，收到了她的微信：觉得聊的比预想中还要 high。

而我们真的是第一次见面。这真是一个"人以类聚"的时代。

那晚躺在床上，一直在思考一个问题：以前接受的教育，都说网上的是虚拟的，不真实的。而现在，我倒相信是反的，网上的连接，有时比现实更真实。

就像玩网游的人根本不屑外界说这是"玩物丧志"的观点——你们懂个屁，那是只属于我们的世界，我们是自己世界的君王。我们共同的满足和骄傲，每一刻都无比真实，好么？

现在每天多了一个习惯，就是要打开微信公众号的后台，看留言，并争取每条回复。

大多数的留言，表支持，祝好，和我探讨文字的观点和思考；说如果有机会到他的城市，一定要请我吃饭；说看了你的文章，终于放心了，自己的想法并不是孤单的。经常收到大段大段的留言，有些甚至是几百字的掏心掏肺，手机屏幕上要下翻几页才能看完。说实话，看到这些，内心是惶恐甚至崩溃的。

"天，我凭什么可以得到他们的信任，我们压根不认识呀，我又该怎么回呢？"

"新世相"说：每一条留言都是一次可能会被辜负的善意。

现实是，如今我们身体生活在同一座城市，内心却是活在另一个世界，而心中这个世界，甚至有可能和身边的人一毛二分钱关系都没有。这是互联网时代的同床异梦。

因为这些变化，挑战着传统的人际关系结构，现在想要了解一个人，或爱一个人，光表示理解是无用的，走近他的世界也是不够的，要成为他世界里的玩伴。负责共同成长，负责彼此成就，负责填补彼此的空白，成为两个相互咬合的齿轮，去共同面对岁月的不断轮回。

那天和宝洁公司的一位市场部高级主管聊天，她说道，以前宝洁市场部投广告的时候，砸钱在几个大的媒体上就搞定了，比如央视啦，简单粗暴有效。而现在的投放策略全变了，要用心找符合这个定位的社群，这样成本更低，而且更精准，当然，也会更累，单纯投央视的比例每年都在降。

我明白这个策略转变的深层原因，因为传统的广告模式，说白了，是强制的相邻捆绑关系，拼的是基数和概率，没有独立的人格色彩，缺乏清晰的社群与广告的匹配，广告风格也会随之更加中庸。而现在，广告要符合各自社群的定位和品位，讲究尖叫的体验感和参与感，广告一定会更有创意，更加偏向社群订制。广告的植入形式也更多元。

所以产品可以很硬，身段一定要软。再也不能摆出一副"老娘就这样，你不看有人看"的架势。万物皆被吐槽的年代，何况广告，难不成你的文案能比杜蕾斯的更好？

因为社群的重新组合，一切原有的商业模式，都将发生结构性的改变。看谁能戳中时代的 G 点，换一场高潮。

我有个读者大咖，年纪比我大，是香港某大行的高管，在他的朋友圈里经常分享我的文章，评语热情，搞得我特别不好意思。有一次我的文章忘记打开赞赏功能，他就直接给我个人微信号发了个红包，并附上一句——"一切对好文只赞不打赏都是耍流氓"。把我感动得真是不要不要的。昨天约我吃饭，在中环一家颇有格调的餐厅，说看我的文章，感觉我很像年轻时候的他，看好我未来的成长和平台的发展，最后还抛来了橄榄枝，看能否在金融领域做一些合作，甚至做天使投资的可能性。

我简直蒙圈了，这也太看得起我了。是他高估了我，还是我菲薄了自己？刚刚还说互联网世界，地缘不是障碍，现在，年龄也不是问题了。

罗振宇站在山头，摇旗呐喊：通过互联网的力量，聚合起一群志趣相投的陌生人，在沟通、分享与协作中，完成新的价值创造。

这一定是个好时代，我们可以不用去迎合，没必要妥协，开始不愿意用高昂的时间成本去证明强扭的瓜不甜，不需要一遍遍地解释我的理念你们不懂。以前是真无奈，现在是没必要。人的资产配置，也许现在可以得到优化。这好像又是坏时代，因为时间的耐心得到前所未有的考验。我们无法安静等待，让时间磨合，我们希望立刻看到花开，而没有耐心浇灌。就像王菲的歌：和爱人吵架，和陌生人说心里话。

凡事过去，皆为序章，新的一年，希望连接出一片美好未来。

/ Chapter 3 / 青春终将逝去，情怀永远不老

菜市场卖鱼所带给我的

我一直觉得这些年来在菜市场的经历，是宝贵的财富，它让我的性格更加完整，阅历更加丰富，想法也会更多元和包容。

这段时间经常会问自己，我为什么长成了这样的性格。

有时候很阳光，有时候很阴暗，有一颗文艺青年的心，喜欢旅游、拍照、写作，摆弄小情怀；骨子里却很世俗，喜欢金钱和物质；装得了斯文，给学生做咨询说得一套一套，穿着得体的衣服和不同行业的人也能交流；但是也特别接地气，吃小面馆买地摊货，特别能理解有些流氓行业人的性情，有时候都觉得和他们是一伙的，坏坏地笑，偶尔出口成脏。

我觉得，性格上的某些特质，和我从小跟着父母在菜市场卖鱼有很大关系。

自我记事以来，父母就开始做水产生意了。小的时候在农村，印象最深的就是看着父母拿着秤，在熙熙攘攘的小镇

菜市场里，热火朝天地吆喝卖鱼。然后自己穿过嘈杂拥挤的小菜场，闻着鱼腥味，踩着黏糊的地面，跑到父母的摊位那边，拿三块钱早餐钱。那硬币和纸币摸着也是黏黏的。

后来母亲早早地想到，为了给孩子更好的教育，必须离开农村。于是在县城买了一套房子，让我上比较好的小学。那时候不像城里孩子，农村孩子上城里小学，要交给学校一笔钱，所谓的借读费。当时父亲拿出七千块钱（我印象中大概是这个数），现在想当时的这笔钱得是多大数目，虽然当时不清楚。老爸故意让我自己数，说这就是你来读书比其他孩子多付的钱。

我那个时候当然不会数钱，两只小手慢吞吞地数了好久。现在回想起来，那一刻在心里确实种下一颗种子，知道自己来城里读书是不容易的，要花很多钱。所以要好好读书。

真正开始帮父母卖鱼，是从高中开始的。之前人太小，也就帮忙管管摊位。每年过年前的一个月，是我快要放寒假的时候，也是家里最忙的时候。父母的生意渐渐脱离了小买小卖的散货模式，开始主要经营给公司和政府或事业单位海鲜打包的业务。一个泡沫保温箱就是一个礼盒，放进鲳鱼、乌贼、带鱼、虾、蟹等海鲜搭配，想要有面子的，就加一条野生大黄鱼，绝对的送礼佳品，当时比什么脑白金保健品贵气太多。

尤其到了年底，公司发海鲜礼包当福利，朋友领导送礼，海鲜必不可少，生意忙得一塌糊涂。按照父母的话说，这一个月要赚一年的钱。因为每天的海鲜要保证新鲜，每天除了出货外，还要去船老大或者批发商处进货，有时候有的公司说明天要一百箱海鲜，那就基本一天没有时间睡觉了。人手不够，就雇亲戚，姨妈原来在菜市场卖菜，我妈说你这个月也别卖菜了，我付你工资，你过来帮忙吧。不敢雇外面的小工，怕万一被偷走一箱鱼，或者趁父母不在摊位的时候偷钱。

所以，我就肯定挺身而出了，不管愿不愿意。

一开始真心起不来，父母凌晨三点就去菜市场了，让我四点钟到。我有时起晚了，早上五点钟到了那里，就被他们骂："你来得算是早了，生意都快做完了你才来，快去冷库里拿一箱冰鲳鱼来！"

在高中的时候，我的作用就是管摊位、跑腿拿货、数钱找钱等这些基础活。

后来上了大学，寒假回来后就开始真正介入核心业务了。早上在菜市场卖鱼，下午跟着父亲坐车去各个渔港、码头，和批发商、冷冻厂的人谈生意买货。现在想来，父亲绝对是个销售高手和商业谈判专家，知道什么时候要让利，什么时候要果断。回来的车上，跟我分析为什么要这家的鱼而不要那家的。然后觉得自己很厉害，哈哈地笑。

菜市场绝对是一个真正鱼龙混杂的地方，有它的江湖和血腥。菜市场里打架流血的事实在是再平常不过，虽然还不至于到拿刀砍人的程度。打包的店一定是要巴结卖鱼的摊主，不然给别人打包了，你就没钱赚。或者你来抢我的生意，不跟你拼命，以后还有脸混？这里就是一个赤裸裸的现金交易所，个个为了生意都杀红了眼。有时候看着纽约华尔街的交易员们打着电话买进卖出的忙碌劲，觉得和菜市场人们的神态，也没什么本质的区别。

小偷是绝对不敢来菜市场偷的，万一被抓，那必然是往死里打，警察来了也没用。我们起早摸黑，大冷天的扯着嗓门喊，被鱼刺割破手，冰库拿货，零下几十度说进去就进去，赚的血汗钱，你敢来偷，你不找死么。

而旁边的摊主肯定是起哄叫好而不会同情的。

中午稍微不忙的时候，卖螃蟹的、卖鱼的、卖泥螺的摊贩，就摆个石板当桌子，上面摊上报纸垫着，从旁边的快餐店买一大桌吃的，边吃边喝酒或姜茶，说着段子，骂着老婆，这里女人是男人，男人是大爷，插科打诨，没一个正经说话的。

父亲在菜市场的人缘特别好，而且口才极佳，大家一起吃盒饭的时候，经常说我爸一嘴皮子功夫，陌生客户只要给点上一根烟，三分钟就能聊得跟熟人似的，买了鱼心里还特别高兴。我爸听了坏坏地笑。

父母特别不想让我继续做他们这一行，他们觉得菜市场的人太坏，没有素质。工作太辛苦，而且风险还大，去年冻的蟹，今年行情好可能赚几十万，明年不好说不定就全亏了。所以后来我当了老师，他们心里特别高兴，觉得稳定、踏实、受人尊重，挺好。

工作的前两年，印象比较深的是，凌晨四点在安静寒冷的夜色下跑到菜市场，里面一定是灯火辉煌，人声鼎沸。在里面忙了三个小时，早上七点钟回到家，脱下带着腥味的大衣，洗个澡换上斯文得体的衣服，来到学校在讲台上慢条斯理地上课，端着热茶和同事聊天，场景切换变化之大，有种一天活在两个世界的错觉。

确实，跟着父母卖鱼的经历，让我比较早就知道了人性的阴暗面和多面性。在菜场起哄打小偷叫好的大妈看见在冰库里拿货的外地小工双手冻得全是疮，也会同情地拿药膏给他敷；上一秒大叔还在因为利益和别人约架，这一秒吃饭的时候也会点上一根烟，谈自己多年的营销哲学。有些现象，一开始我看着会很震惊，后来看多了，想想，都是因为利益。

一次看到自己摊位冰箱里的蟹少了，问我爸，他说是旁边摊位的人拿走了，他知道的。我说那你为什么不问他要回来。他说，第一没证据，第二即使要回来了，撕破脸做不了朋友了，以后生意就没法相互照顾了，损失更大。我看着我爸若无其事地和旁边人继续嘻嘻哈哈，这一刻，觉得老爷子是个有智慧的人。

我一直觉得这些年来在菜市场的经历，是宝贵的财富，它让我的性格更加完整，阅历更加丰富，想法也会更多元和包容。穿上西服能谈判，脱下衣服，也能卷起袖子去干活。

除了在哈佛大学逛博物馆的时候，被 He 同学屡屡鄙视："陈同学，你的艺术品位，实在太差了，唉……"

大格局，不必算小账

能算大账的人，格局也较大，就不容易陷入琐碎，就不会太有得失心。在职场上，算小账的表现在于斤斤计较，小格局。

徐小平做客正和岛，被问到如何看待天使阶段投资失败的？他回答——几十个项目全失败了都不要紧，只要有一个成功就能赚回很多倍。

"失败了就忘记它，否则你会活得非常痛苦。要算大账，不要算这个项目失败了，而要算：十个项目，哪个赢了。"

这点我很赞同，要算大账，不要算小账。

徐小平从新东方董事会出来成立真格基金开始做天使投资，几年后有媒体问他投资回报怎么样，这位乐观的老头眯着小眼，苦笑说："亏惨了，都是白花花的钱啊，血淋淋的教训啊。"

但实际上，真格那些年投资业绩数据还是漂亮的，因为投资了世纪佳缘和聚美优品等一些当时很风光的互联网公司。

有那么几个正确的投资，就可以弥补之前全部的损失。当然，前提是，你能找到那么一两个。

同样，我也相信在人生轨迹上，上帝都会给每个人准备几个关键的转折点。无非幸运的人多几个，不幸的人少几个。但当转折点出现，有些人却没有意识到，比较可惜；或明明看到了，但能力 hold 不住，可怜，还不如不见。所以说确实会多一些幸运给有准备的人。也不可否认，好些转折点其实就是瞎猫碰上死耗子，给撞上的，过些年回头看，才发现当年这决定真是太有远见了，都不知道自己当年是怎么想的。

在上海和朋友吃晚饭，结束后用手机叫了专车回酒店。接我的司机看着和我年龄差不多，就和我聊着各自的工作，上海的房价。他说他现在工作一般，做 IT 前端，工作好些年了，收入很一般。

我问他买房了没。

"七八年前买了陆家嘴附近的房子，那时候才两万多一些，现在没想到已经涨到十万了，我们小区好多都是在陆家嘴这片做金融的人。你们做金融的都很有钱，一个月房租一万多,也租得起。"

我打趣说:"你放心,你现在即使什么都不做,上海的房价还会继续涨,每年睡着都能赚一两百万,比我们这些金融民工强多了。"

踩错几个点没关系,踩对一个点,就全赚回来了。

人生几件大事,是真正的大账:比如做什么行业,在不同的行业就拥有不同的平台和眼界,和不同的圈子,成长的快慢和方式都不一样;同样毕业五年后,会发现巨大的收入和能力差距,而且之后的差别会越拉越大;比如在哪里工作,一线城市和三四线城市,买同样的房子,五年后一个涨到天,一个没动静,光资产增值的角度,这一项就是巨大鸿沟;比如和谁结婚,我一直觉得,结婚才是一个人,不管男人女人,最重要的选择,重要性比选择什么事业还大。这些大账如果能尽量选对,绝对是幸运,至于其他的,都是相对小事。

能算大账的人,格局也较大,就不容易陷入琐碎,就不会太有得失心。在职场上,算小账的表现在于斤斤计较,小格局。

随着年龄增大,阅历见长,加上工作的性质,也接触了不少企业家,性格不一,心态各异,那些做得还不错的,还真没见过是小气类型的。所谓钱散人聚,也是这个道理。

发现让这个世界变得美好的，或者那些有大成就的，往往是那些善良的"蠢"人。

在香港事业刚起步的时候，我的一个客户，人超好，很爽气地支持了我的事业，并经常给我推荐一些高净值的客户。有一次让我帮她买些香港的药品，我买了四千多港币的药品寄给她，她问我多少钱，我为表示感谢，说这是一片心意；她坚决不同意，还电汇了五千元人民币给我，问我够不够。她说我现在事业刚刚开始，香港房价又那么高，希望我过得好，乐意我多赚些钱，在香港生活得好些。

和朋友一起合伙做项目的时候，在用人方面，得出一致结论，在核心团队，有些品质，如忠诚、可被信任、可被托付的感觉，有时比能力更重要。"人"是最宝贵的资源，也是最大的风险。有些核心岗位就是不能从外面找个职业经理人"空降"的，因为忠诚度不够，因为职场上需要有"自己人"，有"心腹"。这不是职场厚黑学，而是创业公司和大公司的不同属性决定的。因为大公司稳定，自带光环，花钱买你的时间和能力，而并不需要你来承受公司未来的风险，相当于表现稳定的债券，无大收益，亦无大风险。而在创业公司，可能经常要面对不确定——突然前期烧钱太多，没钱发工资了；突然市场竞争太大挺不住了。经常迷茫和质疑，值不值得，有没有前途，要不走了算了，等等。老板每天给员工洗脑画大饼，其实也是在说服自己。在创业初期，在 0 到 1 的最困难阶段，哪有什么胜利，挺住才是一切。这时候，谁在身边一心一意，谁在锱铢必较，老板心里，比谁都清楚。暂时没有给到你的福利，日后会有更大的收获。老板心里有一本账。

格局小的看重眼前的得失，格局大的着眼未来的回报。聪明人肯定不太会吃亏，占了现在的便宜，但会失去以后更大的福利。

要与众不同，更要大格局。

而且关键在于，一个人是忠诚、善良、可信任，还是精致的利己主义者，是伪装不来的。

一位专门做招聘的HR和我说，其实在面试的时候，和面试者交流几分钟，就能基本判断出他是什么样的性格和大概的能力，各种眼神、表情、说话的方式和语气等，都在迅速暴露他的特点。真诚还是表面真诚，聪明还是表面聪明，暴露得更快。

人生在世，并不全靠演技，因为大多数人，都只能是表演拙劣的演员。

换个角度，退一步说，与其伪君子，不如真小人，至少还没掉节操，我还敬你是条汉子。

愿每个人心里都有一本大账，有大格局，不管是事业，还是生活。

施比受更有福。

/ Chapter 3 / 青春终将逝去，情怀永远不老

发朋友圈的时候，请不要辜负别人关注的时间

如果你发朋友圈，请发出诚意，发出水平，请不要辜负别人关注的时间。

鲁迅老人家说，浪费自己时间是慢性自杀，浪费别人时间是谋财害命。

在微信上，经常会碰到朋友突然群发消息，朋友圈第一条帮忙点赞，最萌宝宝转发投票，等等。点赞我还是能够容忍的，帮忙投票，杀了我吧。进入页面，先关注公众号，投票，再取消关注，一系列步骤，愚蠢到不行，简直就是浪费时间，还侮辱智商。除非投票的事特别有意义，或者这人和我有血缘关系、生死之交，不然，即使被拉黑我也不会做投票这种事。我有个同学，经常群发这类微信消息。我那天终于忍不住吐槽了——你知道你这样做是多自贬身价么，如果是陌生人，人家凭什么要帮你投票；如果是熟人，你就更不应该浪费别人的时间和你一起做这样掉价的事。

微信如今几乎是一个人的互联网 ID，如果想了解一个人，互加微信后，下拉几页他的朋友圈，几乎就能了解很多信息——你拍的照片反映审美和品位；你分享的内容代表思想的态度；你转发"不分享不是中国人"，表明你和"五毛"也没啥区别。

发朋友圈比惨是希望得到关注，炫富炫美则是希望得到肯定。这些都是人性，我们要尊重。就如同尊重人性的本能一样。否定这些，一定是道貌岸然。

但同样是让别人看，就请拿出些诚意来嘛，因为你俘获了别人对你那宝贵的几秒钟的关注。互联网，什么最值钱？关注呀。因为关注就是流量，关注就是广告啊。为什么互联网公司们愿意烧几个亿来发红包，就是希望你看在钱的面子上，"求求你了，关注我吧，使用我吧"。可见关注度有多值钱。你在朋友圈发代购，做微商，没关系，谁在朋友圈不是个卖。只不过你写推荐的时候，文笔稍微走点心可好？发代购食品的照片，麻烦注意下像素可好？我最难以接受的，是那些天天转发一堆毫无营养的、复制粘贴的硬广文字，而且一天超过十条的刷屏，不仅毫无任何审美可言，更反映出他对他人关注时间的不尊重。留着他是在玷污自己的朋友圈环境，于是乎，拉黑。

并不是我们将他拉黑的，而是他拉黑了自己。

网上经常有攻击一些"绿茶婊"女孩炫富，虽然我也不欣赏作死之人，但有时也要替她们鸣不平，在埃菲尔铁塔背景前，坐在保时捷车里，发美美的自拍，一点问题没有呀。炫美炫富也是她们的人生，关键人家也是很认真地在修图、选滤镜。自己工作已经够苦逼了，看朋友圈跳出来一些壁纸效果的图片，至少看着赏心悦目。我的一个读者，分享我公众号文章的时候，一定会写一段自己的看法和态度，思想共鸣也好，意见相左也罢，我就愿意和他交流，因为这展现了思考的光芒，同时，写评论，也是对其他读者时间上的尊重。这些细节，是对个人品牌的一个很好的背书。

如果你发朋友圈，请发出诚意，发出水平，因为，请不要辜负别人关注的时间。

我现在比较谨慎地发朋友圈的消息，因为可能一不小心，就暴露了自己的无知和浅薄，或者帮助传播了谣言。

我本人除了写文章外，也关注了一些有意思，或者写得不错的个人原创号，留意到有些作者提供有偿聊天服务，一小时两百块。我心里一乐，原来还有这商业模式哈。但转念一想，又特别理解这种方式的初衷。陌生的读者给你留言说他现在的人生特别迷茫，你的文字和生活态度给了他很大启发和鼓励，能和你聊聊么？陌生的读者给你留言说我现在特别想来留学，能咨询如何申请么？陌生的读者和你留言说对你们的业务很感兴趣，能咨询你么？

你说你没时间吧，伤了别人的心，人家好歹在茫茫人海中找到了你，对吧？你说行，那就聊聊吧，一旦开放了免费的门槛，将是巨大的时间消耗，不用做其他事情了。所以我特别理解有偿陪聊的做法。而且一小时才两百，绝对是业界良心。

其实任何行业，只要是咨询，有专业知识或信息诉求的，都是应该付费的，因为本质上就是用钱换专业知识服务。你知道麦肯锡、波士顿、贝恩的咨询费有多贵么？但是大家认可对产品付费，却不太愿意接受对知识服务付费，还停留在空手套白狼的小农阶级思想。如果不花钱能咨询到尽可能多的信息，那简直最好了。

随着自己业务量越来越大，来咨询的客户越来越多，尽管聘请了秘书和助理，但后台的服务有时候还是忙不过来。这时候，就必须砍掉一些业务，甚至放弃跟进一些小客户，专注大客户的服务。这是个痛苦的决定，但是没有办法，如果你想服务所有人，最后的结果只能是谁都服务不好，谁都不满意。真的不是傲娇，我们也想一视同仁，只是出于时间成本的考虑，而采取了不得已的措施。

之前秘书用微信汇报工作的时候，经常一件事分成好几段语音，想到什么说什么，可以判定她当时是一边想一边说，导致语言没有逻辑，而且啰唆。终于有一天我和她说：以后尽量用一段语音把要说的事情一次性说好，在说之前先在脑子里想好要说几点，记不住的话就先用笔记下来。不要考验我的耐心。

麦肯锡有个著名的三十秒电梯理论，要在最短的时间内把重要的事情表达清楚，直奔主题，直奔结果。我越来越发现，这真是很重要的一项能力。干脆，利落，如同穿衣的风格，就像男士衣服的颜色搭配不要超过三种，客户能记住一二三，记不住四五六，最关键的是，你服务的客户越高端，他们的时间越宝贵。

以前一个朋友说：我现在的状态是，如果能用钱解决的事情，就尽量不花时间。我曾经对此嗤之以鼻，现在，我也开始认同这个理念了。

有时候和比自己段位高出好几截水准的大咖请教或交流的时候，要么是没有音讯，如果能得到零星简短的回复，就如同得到宠幸。其实，真不要怪他们傲慢，而是他们真的没有时间，也没有这个必要。唯一的办法，就是让自己成长和强大，变得有资源，有价值。相信我，到时候，他们会正眼看你，甚至一起坐着喝茶的。

也只有在那个时候，对他们而言，和你一起喝茶才不会成为对时间的辜负，而是有意义的，是一件让他们心甘情愿将时间投入于此的事情。

而我也一直相信，对别人最大的尊重，就是对别人时间的尊重。

优秀的人，都敢对自己下狠手

你不对自己下狠手，这个城市就会对你下狠手。

周星驰版《唐伯虎点秋香》里，周星驰和另一哥们儿为了进华府，相互比谁的人生更惨。最后那哥们儿用木棍把自己敲死了，并仰天长啸——谁能比我惨。

选秀节目里，有些选手诉说自己辛酸的经历，一路的不易，一定配上煽情的背景音乐。

我的内心戏经常是——老比惨多没劲，有种比谁对自己狠呀。

前段时间看《欢乐喜剧人》，一周推一个新节目，创作压力巨大，摄制组最喜欢记录各位喜剧大咖在准备节目时的苦逼桥段来娱乐大众。岳云鹏眯着本来就不大的小眼睛，说两天两宿没睡觉了，吃饭都是催对方吃快点；另一组说太兴奋了，三个小时后就能吃早餐了，好开心；开心麻花们说："我们要搞笑，我们不睡觉。"

不是比谁惨，而是比谁对自己更狠。这个卖点我喜欢。

我老觉着,这个世界,一般取得更高成就的人,都是那些敢对自己下狠手,甚至有些"自虐"的人。

而且,真正的狠,一定是加上时间的维度的。就是长时间持续地逼迫自己,把自己的能力推到能力边界的极致。

罗振宇每天早上发 60 秒语音,而且持续保持思想的品质,我做不到;李笑来和咪蒙几乎天天更新原创文章,虽然不同路数,几乎每篇都有干货或亮点,我做不到。关键人家的主业不是写公众号的呀。不管是出于战略思考或是商业价值,能这么坚持做下来,就是厉害。

一个人可怕的不是有多努力,而是可以持续那么久。

说实话,相对于全职写作,我更欣赏兼职写作的人。他们平常有忙碌的事业:冯唐是职业经理人,池建强在锤子科技,咪蒙有自己的文化传媒公司;冯大辉做着医疗创业,经营丁香园。我喜欢文字在红尘打滚,自己就是鲜活的例子,更接地气,更有行业属性;也许偏激,但有独到的见解。不需要老拿别人的例子来证明并不适用的普世道理。我们已经听腻了正确的废话。

感谢他们提供如此鲜活和血气的文字的同时,我经常在想,敲打这些文字的人,在平时忙碌的生活中,是在什么样的场景下写作。也许是夜深人静的时候，也许是飞机座椅前排的餐桌盘上，或在时速 200 公里以上的动车上。是不是只要有一段安静的时间，有一个稳定的位子，就可以奋笔码字？

但他们一定比我忙，然而文章更新的频率还那么高。一对比，觉得自己的所谓忙碌，有些惺惺作态。

"小李子"奥斯卡陪跑 22 年，2016 年终于拿到了小金人；为了拍《荒野猎人》，变肥变邋遢，和熊搏斗几乎一镜到底，这是什么，这是为艺术在献身啊。我个人觉得吧，为了艺术去减肥，值得欣赏；去增肥，太难以接受了，好不容易拥有的六块腹肌要人为地变成圆滚滚，这太残忍了。一个人为了梦想，怎么可以这么拼。而且领奖的时候没有声泪俱下诉说这些年来的不易，依然是招牌的笑容，让大家多关注气候变暖——全程无尿点。

小李子那一天真配得上全世界的赞美，朋友圈被他刷屏也是乐意。不是一部《荒野猎人》，而是致敬这些年来每一部作品所表达的尽心尽力。

自己在香港的时候，天天跑去公寓楼下的健身房锻炼，什么 HIIT，什么卷腹、杠铃深蹲、椭圆机、跑步机，想象着未来某一天穿衬衫的肚子上没有凸起的弧线，而且只挑修身款的。去年就在说着等身材再好一些的时候，就去定制一套西服……现在过去半年了,估计得定制个加大码的了。

而且会注意到一个现象,在健身房里经常碰到的熟悉面孔,往往都是那些身材好,有肌肉的。这边某男胸肌隆起,六块腹肌分明,颜值爆表,痛苦地做着腹肌撕裂;那边某女前凸后翘,腿型修长,扎着马尾,在跑步机前挥汗如雨。整个健身房,几乎是猛男靓女的秀场。他们体型已经够好,仍然对自己够狠。而身材不好的人,可能只占到20%的比例,而且,流动性往往很大。所以,新面孔往往是吭哧吭哧立志要锻炼减肥。虽然说他们才是最需要用到健身房的人,但现实是,健身成功者,才是这里的常客。

优秀也许不难,难的是一直保持这种优秀的状态。

就像鸡汤所说——优秀,是一种习惯。

在给香港研究生毕业的年轻人(顿时觉得自己真的老了),或者给在校实习生培训的时候,经常放在口边的一句话是,在香港这类一线城市,你如果还用老家的那套努力程度来要求自己的话,过个两三年,你一定会陷入窘境,面对巨大的生存压力。香港的房子,本来就贵,非香港永久居民,还要交22.5%的税,800万的房子,交200万的税。去年深圳的房子已经涨疯,上海这个月又开始疯涨。女孩子还真有二次选择,可以嫁得好,男人如果不是富二代,就真完了,肯定要淘汰出城。所以,要么努力快点挣钱,要么努力快点成长，然后价值高位变现。这几年完不成资本或者自我价值的原始积累，只能一直在路面爬行，就无法完成人生或职场第二轮的起飞或转型。这点就像融资，不能迅速拿到A轮融资，就肯定出局；拿到了A轮，相当于完成原始积累，能不能活下去不知道，但至少有资格上牌桌，能和对手比画两下了。

你不对自己下狠手，这个城市就会对你下狠手。

出于业务拓展和自我成长的需要，除了自己一直忙碌的境外保险业务外，近期我加入了一家前途看好的互联网金融公司，总部在深圳。有一段时间是早上过关去深圳，晚上回香港。公司发展速度很快，隔段时间就有阶段性的突破进展，大家都很忙，也很兴奋。公司每隔一周都要开例会，那天看CEO从早到晚开了一天的会，和不同部门的团队沟通，从资产端到风控部、金融部、营销部等等。现场和上海、北京的电话会议同步。提出问题，想解决方案。整整一天的头脑风暴。创业真是以百米冲刺的速度跑马拉松。抓住一个机会，是要拼命的。这活儿真不是一般人能干的。未来不去上市敲个钟，都对不起这般辛苦。

最后来句鸡汤吧——我们得付出多少努力，才能看起来毫不费力，在这些变态的城市，过上平凡的日子。

/ Chapter 4 /

事业不在家乡

/ Chapter 4 / 事业不在家乡

体制内外，甲方乙方

体制内是一口深井，体制外是一片江湖。

不管是在体制内还是体制外，最不能放弃的，是不断的自我成长。

夜晚九点，回港的飞机，困倦的眼皮抵挡着机舱内明亮的灯光，有些刺眼；耳膜震着发动机的轰鸣，有些刺耳；广播里粤语、英语、普通话播报着同样的航班信息，听着熟悉得疲倦；空姐空少的制服，依然是紫色；机舱外，夜空罩着一块巨大的黑布。

在座位上打盹的我，突然想起，就是去年的今天，我割断了原来的生活，心里装着盲目的勇敢和乐观，飞了一千两百公里，来到这片陌生的土地。

一晃，一年了。心里唏嘘一声，像做梦一样，掐自己一下，疼。

一年之间，两个世界，犹如硬币的正反面，两种截然不同的生活方式，另一种完全新鲜的人生体验。又好像锋利的时光刀片，清晰地隔断了过去和未来，过去是一面透明的墙，看得到，回不去。未来是脱轨的卫星，仿佛要重活一遍青春。

过去是体制内，现在是体制外。

我依然记得一年前，我向教育局递交辞职信的那个下午，教育局副局长表示不解的复杂表情，我当时心里也五味杂陈。从办公室出来后，就在旁边的另一个办公室，门前排着长龙，是刚考进编制的年轻老师们在递交入职手续，他们表情轻松，眼神有光，好不容易考进了编制，好像高考中榜，是高兴的。他们一定不会知道，在另一个办公室，他们的一个同行，放弃了当地最好学校的编制。

我看着他们，他们像当年的自己，又不像当年的自己。

体制内，是一部分人的福音。

在体制内，意味着也许现在赚得不多，但是不用担心以后会断粮饿死；有人乐在体制的生活，没有大风光，也有大自在；而另一些人，感觉好像进错了笼子，总觉着哪里不对。

这种感觉，就像很多在海外工作的华人，高学历高素质，一方面挣着体面但却不算高的薪水，过着稳定的生活，不舍得放弃现在的生活；另一方面，看到国内迅猛发展的新行业，井喷的新机会，心里又不甘。

/ Chapter 4 / 事业不在家乡

就像百度、阿里巴巴、腾讯三家公司的资深产品经理，天天被风投天使围堵约着喝咖啡："你出来创业吧，难道想一辈子就这样打工吗，只要你肯出来，我就投钱给你，不管你做什么。"

不舍与不甘，两头野牛在搏斗，内心在烧火。

大学毕业的时候，"体制内"这个词多火呀，就是人生赢家的背书，比迎娶白富美的聘礼值钱，比嫁给高富帅的嫁妆还贵。到现在开始出现的公务员离职潮，体制内员工的跳出围墙。两种境遇，也就是几年的光景。

体制内是一口深井，体制外是一片江湖。混江湖前，腰上的剑，磨锋利了么？

不管是在体制内还是体制外，最不能放弃的，是不断的自我成长。我也越发相信，人生最宝贵的，还真不是豪车洋房，而是丰富的人生体验。有房有车有稳定工作有体面生活的日子，我已经体验太多，但是缺少人生丰富体验的内核。

《传道书》第一章第十四节说："我见日光之下所作的一切事，都是虚空。"

而丰富体验的内核，是按照自己喜欢的方式，以一种舒服自然的状态，甚至是一种自己愿意的辛苦，过好每一天。而这种状态，和体制不体制，并无多大关系。我看着情商极高的小伙伴，在体制的框架内游刃有余，野蛮成长；也看过有人在体制外的残酷竞争下，不堪压力，日日抱怨，却怎么考都考不进体制内，吃不上体制内的那碗饭。

　　有些性格，是基因决定的，是战士，就去攻城略地；是文人，就耕耘好自己的一亩三分地。刺破手指，好好看看流出的欲望的血有多浓。

　　很多事情，要么走，要么忍，不要拿体制的挡箭牌，当成怀才不遇的泄愤出口。

　　高晓松说：人都是高看了自己。

　　而高看自己，是人类进化的铠甲，也是软肋。

　　上海华东师大的老师，顶级名校毕业，说如果给年轻人一些建议的话，如果有更好的选择，就尽量不要来大学当老师，国内学校的收入，不管是义务教育阶段，还是高校，收入配不上背景（当然，在外面做私活的不算）。

　　这一年，从深井走向了江湖，也从甲方变成了乙方。

　　体制代表了稳定，体制也代表了甲方；做甲方，意味着不用求人，有社会地位，意味着谈判桌上拥有话语权。甲方带来稳定的体面感，继而带来安全感，安全感带来幸福和自由。有人说，乙方自由的天空更大，但是对于大多数人来说，没有稳定感的自由，太不靠谱，没有稳定未来的自由，太不安全。天空太大，仰起头看，头会眩晕，心会发慌。

　　稳重求进，不犯错误，不激进，不左。做甲方，挺好。

　　能放弃甲方的光环，而选择去做乙方，也许只是因为有些东西，乙方独有，比如能满足更大的梦想和野心，更高的财务自由，更充分燃烧的人生体验。一辈子太短，脚步要丈量更远的风景，心里要装着更大世界。

柳传志的女儿柳青，从"高大上"的投行高盛，到滴滴打车的CEO，当被问及过去生活和现在生活的不同，她说：
"原来住四季酒店，现在住汉庭；原来坐头等舱，现在坐经济舱；原来不求人，现在要求人。"

我相信柳青能克服住汉庭、坐经济舱的心理落差，毕竟创业初期，本来就是白天做老板，晚上睡地板。但是，原来不求人，现在要求人，这点需要时间和谦卑隐忍来克服内心的骄傲；这不容易，因为这触碰了尊严、地位、认可等人性中最敏感和脆弱的神经。

想起老电影《肖申克的救赎》里的台词：有些鸟儿是永远关不住的，因为它们的每一片羽翼上都沾满了自由的光辉！

滴滴快的市值已经超过一百五十亿美金，或将成为下一个互联网巨头。

也就三年工夫而已。

从世俗的角度来说，我应该是从甲方跳到了乙方。角色的转变，开始多一个角度审视这两者的区别，发现其实有些人是工作的甲方，却是生命的乙方；而有些人也许是工作的乙方，却是生命的甲方。而转化的区别关键在于能否有强大的能力，来掌控自己生命的走向和节奏，有能力在大的框架内，平衡好生命的河流，可以越流越宽阔。

看到很多工作性质是乙方的人，却有着甲方的姿态和灵魂，因为他们专业，有价值，被人需要，俗话说，站着把钱挣了。锤子手机的罗永浩，是最好的典范。

在互联网时代，我们都是自我价值的布道者。有人殉道，有人放弃，有人走到了圣殿。

夜空中，那颗最亮的星，会不会是你？

/ Chapter 4 / 事业不在家乡

在重点中学教书是一种什么样的体验

重点高中，堪比投行圈的高盛和摩根士丹利，咨询业的麦肯锡和波士顿，教育界的黄埔军校。

高中老师是我们那里事业单位或者体制内工作最忙的，不太可能有之一。

在高中教书，忙是常态，不，是固态。可以从几个维度进行佐证：第一，工作时间长。学生早上七点钟到达学校开始早自习，周一三五读语文，二四六读英语，本人不幸是英文老师，意味着周二四六早上七点钟也要到达学校监督早自习，注意，周六也要早起哦，周六也是要上班的哦。所以，别整事业单位有双休什么的，因单位而异，没用。这意味着早上六点出头就要起床。刚来香港的时候，听说香港这边早上九点钟开始上班，有的甚至九点半，顿时凌乱了，我们早上七点就已经在学校检查早自习了。

七点到学校，检查完早自习，然后开始上课。经常听到别人对教师的评论是，当老师最舒服啦，你们老师每天只要上两节课就好啦，都不用两个小时，多轻松啊。一看就是外行中人。请注意，我们是重点高中，再强调一遍，是省一级重点高中。

上课，对于高中老师来说，只是一天繁重事务中还算比较轻松的一项，就像一堂课前几分钟的热身活动；就像餐前的一道冷菜，开胃而已。真正的"硬菜"，从改作业开始。一个老师一般带两个班，一个班五十多号学生，所以作业加起来一百多份。一门课如果这一天没作业，就像上课铃声响了老师没进教室上课一样，属"教学事故"般的不正常。课代表一定会弱弱地追问一句——"老师，是真的没作业吗？"所以作业天天有，天天改。改个试卷也就罢了，一两个小时的工夫，最痛苦的是改作文。改一篇作文，至少得三五分钟吧，100多份，埋头苦改，一抬头天都黑了，还只是改完一个班的量，感慨人生苦短，改作业无涯。更加痛苦的是，看着一篇篇主题雷同、内容肤浅、用词简单的英语作文，别人不知道，反正每次改完，我都觉得自己原有的英文水平被硬生生拉低几个层次。

有一项能力被训练得登峰造极，就是改作业的速度——不比香港点餐出单的速度慢，不比在考GRE时候打字的速度慢，那都是被逼出来的节奏。办公室里最常听到的话是——哎呀，上个星期刚领的红笔，怎么这么快就用完了。听着敬业，实则辛酸，无奈，自嘲。问时间都去哪儿了——

红笔的勾勾叉叉中，勾出来学生的成绩，又进去老师的青春。

除去上课和改作业，一天的时光已经耗了一大半，等等，还有一半呢，备课和辅导学生。辅导的内容，学生作业做得不好要辅导吧，作文写这么烂回去重写给我面批！今天你没有好好听课是不是有什么原因啊？这次考试为什么没考好啊？这段时间作业质量不高是什么情况啊？这段时间成绩下降了怎么解释啊？……负责任的老师，每个学生都是他亲生儿子和闺女，100多个，都要做心理辅导，考前鼓励，考后安慰，早恋咨询，等等。老师说不完的唾沫，学生掉不完的泪水。

做完这些，此时窗外操场上空的夕阳，温暖的余光开始悄悄地溜进老师的办公桌，等辅导的学生成批散去，眯起疲惫的眼睛望着血红的夕阳，心里轻叹一声，一天过得好快。

等等，明天的课还没备。

重点高中的老师，一周都会被安排几个晚上值班的，因为学生要晚自习，周一到周五，五个工作日的晚上，一般会被排三个晚上值班，两个晚上休息。说白了，就是三个晚上必须来，两个晚上选择来。比如我自己是周一、周二和周四晚上值班，值班时间从晚上六点二十到九点二十，冬夏日有微调。那么，假如我周三或周五有一个晚上因为学校开年级大会或者其他一些工作上的事情，那基本上这一周从早到晚一直都在学校了。所以老师们经常有的感觉是，他们有时候都分不清今天是周几，因为，每天都在学校，每天的工作和生活内容都是一样的——上课，改作业，辅导学生，备课。坊间有句话，高中老师没有生活，或者说没有业余生活，这话说的，不算夸张。因为晚上的时间也基本在学校啊。今晚哥们儿约你去打麻将，哦，不好意思，我晚上值班；明晚靓妹约你去唱歌，那啥，我在学校备课呢。婉言拒绝几次，人家就不愿找你了。并不是高姿态，实在是真无奈。日子久了，社会圈就是同事圈，今晚突然不用值班了，那一刻都不知道要找谁玩玩什么了。嗯，还是去学校备课吧，那几个学生作业做得一塌糊涂，今晚得好好训训。

经常有同事开玩笑，说今晚休息，没去学校，心里总觉得缺少了什么，不安心。

想想确实挺"贱"的。但是，好像在高中教书的老师，或多或少都有过这种感觉。

说什么在外企工作，经常一天工作十五个小时，一星期工作时长超八十小时。在高中，呵呵，那都不叫事。记得带高三，一整年都忘记怎么过来的，早上七点到学校，晚上九点半关上办公室的灯回家，一天天过得漫长而飞快，像陀螺一样，在原地打转。

第二，在高中工作，除了工作时间长，工作压力还大。

一个学期四个多月，前两个月期中考，后两个月期末考。两个月之间还有月考。于是，一个月有一次大型的年级

Chapter 4 事业不在家乡

考试。有考试就有监考。监考是我最想吐槽的一个点。学校规定老师在监考时不能在台上改试卷,不能看报纸,不能看手机,唯一能做的,就是静静地、默默地看着可爱的同学们埋着头,在台下奋笔疾书——两个小时。一个老师一般轮到三场监考,监考的时间,走得极其缓慢,就像和一个极其无趣的姑娘面对面吃两个小时的饭,需要强大的内心和修养。在监考的时候,特别能明白,为什么在监狱里,关禁闭几乎是最残酷的刑罚。

我自认为人生阅历丰富,想象力也不差。通常第一场监考的时间用来回忆自己过去;第二场监考用来展望美好的未来;第三场的时候,整个人生都已经思考了一个轮回了,只能感叹自己为什么选择了来当老师。

成绩出来后就要开始一系列的统计、排名,哪个班考得好,这也是老师们感到紧张的时刻——谁说考试只有学生欢乐忧愁。然后就开教师年级大会,所有科目的平均分都明晃晃地投在洁白的幕布上,亮得刺眼。校长就要开始分析成绩。当然,他不会直接说哪个老师教的分数最差,因为大家都看到了啊,心知肚明。如果分数还行的,表示暂时安全。如果你教的班级一不小心垫底了,现场有种分分钟切腹自尽的节奏啊,接下来的一个月可以不用睡满六个小时了。

虐心的分析会接近尾声的时候,校长总不忘加一句"高中老师的工作是辛苦的,老师们也很努力,但是——努力是没有尽头的"。言下之意是,既然已经这么辛苦了,大家就再辛苦一些吧。

　　一线教师，想要在自己教的这门学科站稳脚跟，一定要有自己的一套撒手锏。有些老师属于人格魅力型的，上课幽默风趣，学生在课上不瞌睡，不走神。有个理论是，学生要是喜欢这个老师了，这门课的成绩一般不会太差。有些是学术型的，讲课效率很高，学生一听就明白，自然不会太讨厌这门课，哪怕这个老师颜值不行。有些是特别认真负责型的，行话说很会"抓"的，每份作业恨不得面批，他的办公桌旁边总是围满被训话的学生，学生一开始会怕会恨，但后来就会发现这才是真的对自己好。

　　总之，高中教师，那是教师界的特种兵，各有独门兵器。以前的文章我有提到，说咨询公司的文化是 up or out。在高中，能不能 up 不知道，out 倒是有可能的。尤其是年轻老师，虽然考进了编制保证你不会被解雇，但是，如果在高中的业务能力不行，期末考结束后，有可能会被调到其他普通的学校，就这样被流放啦，发配啦。

　　重点高中，真是堪比投行圈的高盛和摩根士丹利，咨询业的麦肯锡和波士顿，教育界的黄埔军校。

　　如果非要定义一下工作文化，我觉得，高中是有狼性文化的。在这里，工作了十几年二十几年的老教师，往往比年轻教师工作更努力，做出了很好的垂范，比你优秀的人往往比你更努力,还真没办法。他们是高中的砥柱和瑰宝。这一年,我有时候反思这些年高中带给自己的影响,最重要的一点,是在高强度的压力下工作的状态,这很重要,因为这就要逼着自己做好时间管理,分配好工作和生活,以及在单位时间里提高效率,精神的弦处于微微紧张状态不是坏事。如果当年被分配到一所普通高中的话,如果对自己没有要求,过不了几年,能力可能就被养废了,长了一身精神上的肥肉,只能混下去,出不来了。虽然当时没少抱怨学校几乎无人性地压榨教师的时间,但是,怎么说呢,这种如同像创业者般"all in"的状态,对于年轻的生命,是锤炼,否则,还真不能抵御外面更加残酷的世界——尤其是在香港。

这些年我最感触的是,高中的老师可以做到多么敬业。坊间有个说法,说象山的男孩不愿找高中女老师,因为她们太忙了,无暇顾及家庭和孩子。也算是事实,因为她们看着真不像是混事业单位体制内的。

单从中学教育的平台来说,重点高中是可以的,毕竟是老牌的宁波10所重点高中之一,有历史的传统和层次。我依然记得那个夏天,我和另外一个同事一起在进行入职培训。当年我进了重点高中,他去了普通中学。在宁波市的高中论坛上发言的时候,我是台上讲的人,他是坐在下面听的人——这和高中的平台分不开。

问在高中教书最大的满足是什么,对于我,肯定不是薪水,而是教了一批还算不错的学生。他们能考进重点高中,智商不会太弱，有些情商也不低。我知道他们以后大多数人在社会上应该不会混得太差，可能有些还有所成就。而我们作为老师，我们的知识、思想、精力和时间，都付出在一帮愿意学习、愿意努力的孩子身上，在他们最好的年华里，你说的话、教的东西，对他们一生都有可能产生影响。这样一想，自己的时光也不算浪费。

偶尔会怀念平日下午第四节活动课的时候，在篮球场上和同事、学生们挥洒着汗水的时刻；或者跟在学生后面，陪他们一起跑步的场景。

偶尔会怀念晚自习结束，关上办公室的灯，开车送我师父回家，一路上说说笑笑的片段。

吐不完的槽，道不尽的碎碎念，这一切的苦和乐，泪和笑，只因为，发生在最美好的青春里。

最后，我想说，以高中老师的工作时长、工作强度、工作压力，赶紧涨点工资，多些奖金吧。

/ Chapter 4 / 事业不在家乡

事业不在家乡

家乡有亲人，有玩伴，有回忆，却没有未来事业的憧憬。

家乡的好或不好，都不重要，因为她陪伴了我们的成长，而"陪伴"才是最重要的。

春节在家几日，没怎么访亲戚，也没怎么会朋友，大多数时间宅在家里对着电脑忙工作（不是说创业狗是没有春节的么），在老家院子的阳光午后，翻了两本从北京买回来的书；还喝了场大酒，记不得上次喝醉是什么时候了。

自己在家乡体制内工作了几年，又在香港这座绝对一线的大城市摸爬滚打些岁月。两方对比和反思，觉着从事业发展的角度，尤其对于希望能成就一番事业的青年，还是要在大城市混，哪怕生活成本高，工作压力大，哪怕不知道能不能养活自己。

家乡的小城，有亲人，有从小的玩伴，有过去情感的回忆，却没有未来事业的憧憬。

我不是反对要留在小城市工作和生活，毕竟这是多元价值观的时代。而且在家乡小城，买套房，结个婚，生个娃，下班后可以回家吃饭，周末可以陪伴父母，不用频繁出差。看着家乡小伙伴们过着柴米油盐的简单日子，我不是没有羡慕和忧伤的。

但是从事业的角度，小地方的问题在于容易陷于狭隘、琐碎和落后。

关于狭隘

在小地方，认知是最大的壁垒。因为头顶的天空就那么大，身边人的行业结构偏单调。在三四线小城，同龄小伙伴们，要么是公务员或者是事业单位的，如交通局、建设局、旅游局、环保局等等，或者当老师、医生，或者在银行。很少会在某个优质的民营公司上班，互联网公司就更少。家乡小伙伴们都说要抓住青春的尾巴，赶紧发展个副业，先不说实现人生理想，工资太低都活不下去了。现在连一千块钱都要想着如何节省充分利用，太憋屈了。

但问题是，有一腔热血，往哪里使劲呢，虽然人人都有自我成长和希望致富的刚性需求，但环顾四周，没有榜样，看着前面，没有道路。只有虚无的理想，找不到落地的方法论。而且有时候，就算学了些技术，考了些证，在小地方，没有用武之地呀。你花了好几万考个CFA，在这里叫overqualified（资历太高），还不如去吃顿KFC；你过了BEC（商务英语考试），英语可能在出国的时候才用得上。

并不是说小城市的工作不需要专业技能，事实是，这里不需要你太频繁地升级大脑的操作系统。

不是没有想法，而是缺少平台。所以资金和技术门槛都不高的微商和直销，能够在小地方迅速发展，是有土壤的。

而且我现在的体会是，小地方的人，其实现在工作忙碌的人也很多，但重复性太多，成长性太少；因为平台不够高，就没法进入战略层面思考。所以导致的情况是，我也很忙，但只是忙，并不带来大幅度的自我提升。换句话说，我们付出的全部努力，只是在一个很小很低的平台上，无法产生事半功倍的自我成长效果。这其实也是另一种形式的消耗。

在事业单位的朋友和我说，每次去杭州、上海开会的时候，经常感觉大脑不够用，好多干货要学，觉得自己外行得不行。但是在这里开会，自己经常是那个分享干货的人。他苦笑，表示不知道是该高兴还是忧伤。我自己以前也经常有类似感觉。不是输在勤奋上，而是落后在理念和格局上。

在大城市，除了富二代，大家带着焦虑感从床上醒来，大概会知道自己还有哪些东西要学，为什么要学，从哪里学，学出来有什么用。在公司的落地窗前，看外面世界变化，你知道你要很努力，才能奋力挤进时代的旋涡，因为一不小心，就要被甩出来，甩出这个城市，连做房奴的资格都没有。

关于琐碎

家乡的七大姑八大姨问你有对象了没,什么时候吃喜糖,外面一年赚多少钱,我们觉着烦,但是这样是可以理解的。难道要让他们问人民币贬值该怎么换美元么,和你探讨P2P的未来监管么?不管她们是真的关心你,还是想对比你和她们家的小孩谁混得好。在这个地方,这已经是她们能和你探讨的全部世界了。

在老家农村的时候,舅舅和外公说着农保少发了几百块钱,隔壁家盖了一座漂亮的别墅,谁的家庭出了什么事,都一清二楚。地方越小,越容易滋生八卦。其实这也是可以理解的,头顶的天就这么大。

为什么城市越大,我们越不在乎别人的生活,别人的是非?是因为世界变大,开始知道之前在乎的那些事,其实没那么重要到值得自己花时间。知道精力宝贵,不需要用别人的故事来增添自己生活的佐料。就像自己活得就跟韩剧似的,就不需要再看韩剧了。

关于落后

小城市的机会比大城市少,这只是一方面,更糟的事,是机会的时间延后。

如今的中国,在互联网的推动下,前沿的思想,孕育的机会,有价值的资讯,一般都是先在大城市里发酵、蔓延,从一线城市到二线城市,再到三线和四线,而三四线的人们

/ Chapter 4 / 事业不在家乡

接收到并开始执行的时候，可能要等几个月到几年，甚至等到错过了最初的红利期。你家孩子还在努力高考的时候，城里孩子已经到国外留学了；当生病了希望在大城市三甲医院争取个病房，人家已经用跨境医疗去美国就医了。虽然互联网带来了世界的扁平化，但是成为风气，一般都从大城市开始。而这些都是时间的红利。

再举个例子吧，一位家乡的小伙伴，体制内上班，有思想有热情，在大学时候做成了几个项目，证明其领导力和执行力。这两年在做家乡的慈善项目，一直未见起色。我说你原来的那套方式放在这里不太好使，不是你能力问题，而是时间和地域问题。你这理念和模式可能不适合这里。大众意识和用户习惯不是一两天能够培养出来的。就像实现民主的前提是大众有民主的意识和能力；就像你在老年社区普及智能手机就一定会失败呀。

不是有那句话么，时机很重要。

家乡开了第一家星巴克，顿时觉得小城也有腔调了一回。在里面点了咖啡，和朋友坐着聊，却总觉着哪里不对。不是咖啡的标准口味不纯，也不是店里装修不正，也不是进来的男女穿得不够时尚。而是太吵了，耳边太聒噪了，前面摆放着的大长桌，本应该给人看书或放电脑办公用的，几个小伙却在热闹地打着牌。

我和朋友打趣说，连星巴克都不可避免地落俗小镇气质了。

朋友笑笑说，你要习惯，咱家乡的民风就是这么淳朴接地气，咱们坐外面聊会儿吧。

其实吧，家乡的好或不好，都不重要，因为她陪伴了我们的成长，而"陪伴"才是最重要的。可惜，这是我最近才明白的道理。

/ Chapter 4 / 事业不在家乡

左手象山,右手香港

人生各自选择,不同精彩,他们有他们的生活,而我,也有属于我一个人的故事——每个人都有自己的生命节奏。

香港复活节假期,正赶上传统的清明节。回了趟家,和家人相聚,和朋友见面。

家乡还是不一样了,除了又多了一片片未来应该卖不出的楼盘,还有小伙伴们的变化。当年在寒冷的菜市场上,我帮父母在卖鱼,他在卖鸡腿的高中同学,今年开了自己的龙虾馆,还取了一个特别小众的名字——"裸奔龙虾馆"。为什么小众?因为只有我们一圈朋友知道。当年一起读高中的时候,大家打篮球,他总是光着膀子,或者干脆脱了上衣,裸着上身,球风彪悍。于是就有了个外号"裸奔"。这个龙虾馆,光听名字就是我们的集体回忆,特别有归属感。

最好的朋友,过段时间要办婚礼了,娶了一个几年前和我兴奋地说"这姑娘最懂我"的女孩,虽然后来经历了"待我更加宽容,待你更加成熟"的一些爱情的风波,终归有情人成眷属。

随着离家的时间越来越久，外面遇到的景致越来越多，看着家乡发生的人和事的变迁，开始产生一种不是当局者的身份，开始抽离出来，开始以旁观者，或者以局外人的身份，听着在我离开的日子里，身边好友们的变化。

只能说，人生各自选择，不同精彩，他们有他们的生活，而我，也有属于我一个人的故事——每个人都有自己的生命节奏。

前天带着老爸去宁波检查身体。我挂号，付款，取药，带着他做B超，验血，验尿。跑上跑下，一边吐槽国内的医疗服务，用户体验太差，一边替老爸咨询医生更加细致的问题。开车回来的高速路上，夜色已深，车里放着他喜爱的通俗流行阿哥阿妹歌曲，我和他说，老爸，我印象中好像是第一次我陪着你去医院看病。

我一路上说了好些肉麻的话。对于有这样一位老爸，我是心存感激的。他性格开朗，在象山朋友众多，人缘很好，不会寂寞，让我在外头不会带着负罪感；他有能力赚钱，经常和我说的话就是："儿子，你在外面最重要的就是平安，身体健康，老爸是你坚强的后盾。"目前不需要我去赡养，算是又少了一个负担。当我看着身边好友和他父母因为财务上的纠纷而父子间感情产生裂缝，觉得自己在这方面是幸福的。最关键的是，老爸从来不怎么干涉我的选择，哪怕我离开稳定的工作，追随自己的内心。他不支持，不反对，只是说，你在外面，安全最重要，家里不用太担心。

有家人在的地方，才叫家乡；否则，也许只能叫故乡。

每个地方，每个城市，就像一类姑娘，有自己独特的气质。象山地处宁波市的东南，三面环山，一面靠海，有"海上仙子国，东方不老岛"的美誉。吹过的风带着海味，生活在这里的居民，特别能享受，足浴店、大浴场、美发店在这个人口不多的小地方野蛮生长，价格还比大城市贵；这里的人特别能享受美食，东海的海鲜浸淫出来的山珍海味，搞得人人都是美食家；这里的居民，特别爱面子，钱可以赚得不多，生活品质就是不能打折。每每想着自己家乡人民的这个特质，就觉得特别可爱。

真的印证了那句话：

一方水土，养育一帮"土匪"。

如果想携一人之手，共赴终老，这真是一个理想的地方。

在这里，几乎可以满足过稳定生活的所有追求。

前些天和侨办的一位女士吃饭，她说："我是一个喜欢安定的人，留在这里，有个稳定的工作，照顾老人和小孩，我知道，这就是我要选择的生活。"

对她而言，过这样的生活，是恩赐。

特别欣赏那些自己知道想过什么生活的人。这才是人生的智慧。未达到这个境界前，有些人，总是吃着碗里，看着锅里；总是想着特别高层次的人生活法，而不知道自己的才华有可能配不上梦想；总是没有体验过，就是不死心，就是要去撞南墙；他们闻着家乡新鲜空气的同时，也闻到了一丝衰老的气息。

所以，无论说什么要珍惜现在，要活在当下，平淡的生活其实不平凡，等等，对于这类人而言，这种温暖的话语就像无用的鸡汤那样没劲。

该留的留，该走的还是要走。犹豫犹豫着最后没走的，也许若干年后发现，也不是件糟糕的决定。

而在香港，发现在香港学习或工作或生活的内地朋友，对于香港有着截然不同，甚至对立的看法。

有言辞激烈的：

"我已经买好机票了，等到课程结束的当天，我就飞回北京，这地方，我一天都不想待了。"

也有支持留下的声音：

"当然要留在香港工作啦，现在投资移民都已经关了，一个香港身份就值1000万啦，不要回去啦。"

香港应该是全世界人口密度最高的城市之一，但这没什么好炫耀的，钢筋水泥玻璃的城市，密密麻麻的人群，人均住的地方更小，就餐环境更挤，人多只会拉低普通市民的生活品质；而吸引我的是，她应该也是全世界人才密度最高的地方之一了。和优秀的人在一起交流，经常会有一种脑洞大开的感觉，就像冯唐写的"春草初生，春林初盛，春风十里，不如你"。而且在这里，才知道自己的财富观就像自己的世界观一样狭隘，因为我一直认为，年薪百万，就是人生的终极赢家了。有天和在香港工作的朋友说了这个想法后，他没太多评论，会心地笑了笑，说，当你有天赚上了这个数目，你就不会这么想了。

有篇文章上说"在香港，我的空间很小，我的生活很大"——有些人看重前半句，有些人在意后半句。

那晚和朋友在咖啡馆聊了一晚上，之后他在朋友圈里发了这么一行字：

"在自己选择的道路上倾尽全力，才对得起每个人短暂的生命。"

我眼中的香港

去另一个地方生活,不在于那个目的地,而在于重新定位和发现了不一样的自己。

香港是一个文明的社会,没错。

"文明"这个词,很辽阔很抽象,落实到具体的生活,我认为,在于能否尊重他人。

表几个平时生活的细节。

香港人口密度全球最高,最正常的就是排队,等公交等地铁要排队,点餐需要排队,在香港待了近一年,没见过插队的情况,真心没见到。哪怕队伍很长,也是老老实实找到队尾。那天问香港朋友——你们是怎么看待插队这种现象。

她表情惊愕:"插队!那是大罪哦!怎么能插队?"

居然用"罪"来形容,有那么夸张么?

对于插队的人,大多香港人不会视而不见,而一定会愤怒地说"排队啊"。有一回看到一个香港女人横在出租车前

/ Chapter 4 / 事业不在家乡

大骂,以为出了什么丧天理还人命的大事,原来是因为另一个人没有排队,抢在她前面上了车,结果那女人挡在出租车前,扬言叫警察,僵持了几分钟,最后硬是让已经上车的女人下了车。

从商场里的营业员,到小区里的大堂经理,医院里的护士医生,有一个共性,在服务这个客户的时候,如果下一个客户突然上来咨询什么问题,他们不会马上回答他,而一定是会让他等等,先服务好现在的这位客户,才轮到他。

所以在香港生活,经常觉得香港人不近人情,比较冷漠。

但也承认,对于排队这个现象,往小了说,是捍卫自己的权益不受损害,往大了说,是尊重别人的时间。

也许有人觉得过了,不近人情,但是,一个社会的秩序,确实需要每个人来共同维护,对不遵守规则的人纵容和沉默,到最后,社会无序,自己也是受害者。

除了排队,在香港的地铁里,公交车里,几乎看不到有人吃东西,听不到大声喧哗打着电话聊着天。这一年,听到嗓门清亮的,有时伴着爽朗的笑声的,一般都是讲普通话的,倒不是说我们同胞素质不行,我觉得这是意识问题。就是很多人没觉着在公共场合大声说话影响了别人。大家都这样啊,很正常嘛,别人在我旁边说笑,我也没觉着被侵犯了呀!

前天在香港中文大学等朋友一起吃晚饭,有个白人,看着像是教授,在我旁边打电话,神情愉悦,声音高扬,我抬起头无耻地听了几句,貌似是要准备回国和家人团聚。他看我抬起了头,以为打扰到了我,走到了不远处的一个石板上,一个人坐在那里继续畅聊。

也许,从一个文明的角度来说,在公共场合的每个人,都拥有安静环境的权利,不应该被侵犯。

我比较喜欢香港早晨的地铁,有一种特别的、安静的气质,列车开得飞快,一站又一站,列车划过地铁站的风声,广播里粤语、英语、普通话三种语言依次报着站。车里肃静一片,穿着职业套装的男男女女,犹如运往前线的战士。列车到站,各个车厢里涌出的人汇聚到出口,有条不紊地上扶梯,没有嘈杂,只听到皮鞋、高跟鞋和地面的双重奏。

整个过程,安静得甚至带着些庄严。仿佛深海里的鲨鱼闻到了血腥,仿佛黑暗崖下的老鹰看到第一抹曙光。

这种安静,充满力量。

除了欣赏香港社会的文明,还有法制的健全。

香港人最爱标榜香港的法制,一切按照程序和规矩来。这点我还是很欣赏的,比如小区门口检查门卡的保安,一定会每个人都看仔细,没有门卡的,不太好糊弄,有时候没带门卡,就要填表格、打电话确认等一套手续,虽然麻烦,倒也觉着安心,晚上不锁门也不会太担心。和香港的教授一起吃饭，他不会请你吃饭，也不敢让你请他吃饭，因为涉及利益关系，学生请老师吃了饭，有可能会影响成绩打分。前几年有个内地学生真的给教授送礼，结果教授报警，学生构成行贿罪。虽然我个人觉着教授太不近情面，这样有可能毁了孩子一生，教育下就好了嘛。但侧面也反映香港法治的严肃和深入人心。

香港还是带给我很多惊喜，比如在这里不太容易丢东西，能找回来的概率挺大。有一回在商场落下一台 iPad，结果商场物业根据我在远程遥控印在屏幕上的电话号码，给我打电话，我去认领回；第二次丢了钱包，尖沙咀警署给我电话，阿 Sir 把钱包里面的卡都一张张摊好，用回形针把钱一张张扣好，都用塑料薄膜包好，钱包里的东西全部拿出，像是赃物现场，我想这得花多少时间，用得着吗？朋友前几天来香港，丢了港澳通行证，刚补办完，警署打电话来说有人捡到了通行证，问是不是她的。

这是一个安全的城市，TVB 里的打打杀杀，那是 TVB。

我喜欢这里的食物吃着安全，喜欢这里的法治更加健全，喜欢这里的保险真正有保障，喜欢这里的话费买的流量比内地多好几倍。我欣赏香港人的拼搏精神和做事原则。

如果有什么不喜欢的话，也许，香港人有些过于自信了。

我个人感觉香港人办事有效率，按规矩来，这是优点，缺点就是创新不足，格局有限。

香港确实在很多方面比内地好，但大多数港人特别盲目自信，觉得香港都是最好的，且不说香港的综艺节目看着傻呵呵，电视广告拍得很幼稚。香港的互联网，和内地不是同一段位。

身边内地朋友交流的时候，一般都有这样的体验，有些香港人表面和你客气，你能闻出里面的傲气；他们脸上挂着浅笑，也脱不了几分清高。

想起今天看的一篇文章，说武功境界有三层，见自己，见天地，见众生。

见天地的人，傲气；见众生的人，卑微。

而有些港人，骄傲了。需要修炼。

回头想想，还是很感恩香港这座城市和她的市民，带给我的影响和改变。去另一个地方生活，不在于那个目的地，而在于重新定位和发现了不一样的自己。

我还在路上。

/ Chapter 4 / 事业不在家乡

爱与城

亲人不在身边，从小的玩伴可能在故乡，身边的朋友也随时可能分开。在这个城市，像一个人在云里开着飞机，身边没有"副驾驶"，脑子发闷，心里发慌。

前些天和同在香港的老乡约着在城大的食堂见面聊了会儿。

上次和他见面，已有大半年，那时候他刚好硕士毕业，开始在香港工作。

我们聊了些同乡会的事情，聊了他的工作，我的学习。聊着各自未来的打算和愿景。

他说他在考虑回宁波，可能不打算在香港久留。

我有些惊讶，倒不是要不要回家乡的事情，毕竟有些人选择回去，有些人选择留下，有些人选择换个地方继续奔波，都不是什么奇怪的事，这个城市，是静止的，只有立在石板上的一层层钢筋水泥玻璃。

而是因为半年前见面的时候，他几乎信誓旦旦地说，回家乡有什么意思,我想留下来。然后说了好多留下来的理由,香港和宁波的对比,等等。

我问他为什么?他说父母走向年迈,自己是独子,需要回去照顾;宁波的发展现在势头很好,回乡发展未必差,留港未必好,毕竟漂在这里,不是长久。

还有,他和一起在香港的女朋友分手了,觉着,待在这城市,没意思。

有些理由,是理由,也可以不是理由;但这一条,也许还真是。

对于港漂的人来说,在香港的人际关系,既珍贵,又有些无奈。世界各地的人涌到这里,求学和工作,旅游和购物。但很少听到说来这里定居和生活的。我们驾驶着自己的这艘小船,因为各自的原因,挤在这个城市越来越狭窄的维多利亚港,一年,两年,三年,大多数人,都会随着水流,漂到了出海口,茫茫大海,有着各自确定与不确定的航线,互道珍重,后会,也许无期。

这个城市,谁是谁的过客,谁又会是谁的归人?

留在这个城市的理由有很多,比如工作平台高,机会多;比如生活比较多元,各种可能性;比如思想很自由,没有人管你。比如一朋友,在上环做着金融,虽然刚起步,薪水不算高,工作是自己所喜欢的,能学到东西;在香港买了房子,不大,够用,有着稳定的女朋友。算是在这个城市找到了意义。

离开的理由,也丰富。这城市本身就是不适宜大多数人类居住,什么都贵,什么都小,什么都挤。城市气质更像曼哈顿,赤裸裸地告诉你,有钱,这个城市可以把你宠坏;没钱,只能被它虐待。每次回家乡,总要去面馆吃着一碗热腾腾的海鲜面,剥着蟹壳,喝着汤汁,无比满足,感慨——这才是生活。

每年的三月份是换工作的交替潮。很多人拿到年终奖或分红后,可能就辞职了,或者换一家公司,或者干脆离开,临走前骂一句:这破地方,再也不想待了。

没关系,新的人会从其他地方涌过来。

不管选择离开,还是继续留下,只要内心有了倾向,都可以找到一堆的理由来说服自己。

所以对于人际关系,大家心里往往都有一杆秤,在这座城市相遇,确实是缘分,缘分能维系多久,谁也不知道,心里也大概清楚。

抱最好的希望,做最坏的打算。对于工作,对于感情,对于人生。

朋友圈点个赞,留个言,算表示一直在关注吧。

偶尔周末出来吃个饭,打个火锅,不拿出来晒下就觉得这周白过了。平常喝个下午茶什么的就免了吧,大家都很忙,自己能不能活下来,都不知道。

总觉得这个城市，有种群体性孤独的气质，一小撮人的狂欢，大多数人的假 high，一个人的孤单。

城市越包容，自由度越大，存在感越低，也更容易迷失。毕竟，大多数人，都不是内心强大、衣食无忧的自由主义者，需要时不时喝一碗鸡汤，打一针鸡血，告诉自己，还在路上，不忘初心。

亲人不在身边，从小的玩伴可能在故乡，身边的朋友也随时可能分开。在这个城市，像一个人在云里开着飞机，身边没有"副驾驶"，脑子发闷，心里发慌。

要找个"副驾驶"，不太容易。两个人交往，相互试探，彼此了解，需要时间和耐心。而在这个城市，这两点属于稀缺资源。忙着奔波，忙着活出个人样，下一次见面，还真不好说在什么时候。

当然，时间还不是最关键因素，毕竟，对某个人内心冲动了，身体骚动了，荷尔蒙旺盛了，一天二十四小时，任何一刻，都是见面的好时光。问题就是在于，两颗灵魂，在这里好像不太容易擦出火花。

在香港工作的人，虽然身体可能忙得累成狗，思想和品位却不差。就像穿着剪裁得体的西装，卡在拥挤不堪的地铁；就像拎着名贵包包，吃着旺角地摊的酸辣粉。身体能将就，灵魂很讲究。正如某人说，如果我和未来的另一半在一起的时候，他拉低了我生活的品质，那为什么还要在一起呢？

所以，在这个城市，能有一人去爱，是件幸福的事。夜晚维港对岸的灯光，都是不一样的烟火。

陶喆在《爱，很简单》里唱着：只要能在一起，做什么都可以。

而如果不幸失去了你的"副驾驶"。在这个城市，留下来，又有什么意思呢？坚持着，又有什么意义呢？

我理解他的痛苦。

能在一起，你就是我的梦想，你在的城市，就是我梦想的地址。你若不在，我岂能安好？

这个城市的每个角落，都有人正在奋斗

你放弃老家的优越安逸，就得接受外面的疲于奔命；你放弃上班族朝九晚五的稳定感，就得接受自由自在的不确定……疲于奔命练就的强大内心，不确定带来的惊喜，挑战让你独当一面，等等。这些那些，都是你被保护、被圈养所得不到的财富。

每次晚上十点后从外面回来，走在小区里的时候，你不会觉得已经到了要睡觉的点。因为身边还有很多人和你一样步履匆匆地回家。有三三两两学生们的嬉笑，有西装革履的人们结束一天业务的疲态。有身边匆匆闪过大汗淋漓的夜跑者的身影，也偶尔有几个小伙子在路边自弹自唱……仿佛是内地晚上七点多大妈们刚跳完广场舞的时间，而不是已经到了深夜。

因为这个城市的白天比夜晚长。

想起前段时间看的一篇文章，说一个在香港工作的人抱

怨，很多游客所看到的香港美丽的夜景，写字楼里明亮的灯光，城市的繁华，那都是我们这群白领留在办公室顶着明亮的日光灯没日没夜地加班出来的效果好么？

是啊，你在维港吹着海风，舔着冰激凌，一边用自拍神器拍下自己用美图滤过的脸，一边伪文艺腔地感慨，啊！香港好繁华好美。你可要知道维港彼岸的人们，正在燃烧着自己的青春，帮你点亮着你照片的背景和这座城市不属于你的繁华。

在很多香港人眼里，夜晚只不过是白天的延伸而已。

但是，他们还是觉得白天的时光太短，指缝太宽，好像一不留神，就被抛弃在时间的列车里。

所以虽然这里自动扶梯的速度是我见过最快的，但仍然有好些人要在你后面说"唔该"，你着急地一闪，然后一个矫健的身影（身着西装较多），大步走过你身边，没看清，就消失在视线，飘过一抹华丽的背影。"左行右立"的习惯一直维护得很好，不知道会不会和这个有关。走在地铁里，身边的人流肤色不一，口音各异，却几乎都有同一个特征：快。迎面走过来的人，很多都戴着耳机，表情严肃，好像心里都装着几斤心事，走向他们自己可能都不确定的未来。

这个城市太忙碌，无暇扫你一个好奇的眼神。

这里餐厅服务员的点菜速度也是无与伦比的，有时候我都还没反应过来我点了什么，柜台阿姨已经出票，挤出一脸职业的笑容，说声"唔该"，然后立刻扭转头，响亮一声

"下位",然后你就茫然地去排队拿餐了。有时候你在地道的香港茶餐厅点菜,如果你在纠结着点什么菜,那服务员必然是没有耐心地伺候着让你慢慢想的,早就招呼别桌去了,还一副爱吃不吃的表情。像在内地有些人拿着菜单研究了好久,最后点了一个土豆丝什么的,在这里就别这么磨叽了,不然都无法直视服务员大妈的眼神,觉得都对不起这里的租金。

想要在这个城市立足,真的需要有一技之长。因为这个城市自由、平等、开放,市场决定给不给你机会,金钱衡量你有多少价值。听过一堂当代中国研究的课程,授课的是一位上海女人,在耶鲁读了公共政策博士。她说一个城市如果能给予一个人才自由流动的能力和合理的回报价值的话,那么这个城市就能吸引到优秀的人才。在香港,没有在内地那样很好的退休金制度,没有在内地那样的铁饭碗概念,感觉在香港大多数职业都是累死人不偿命的。在这里生存,需要勤劳的双手和专业的技能。

所以,在这里认识的很多人都让我欣赏敬佩,因为他们往往都很专业。比如我们学校的 Professor Tony Hung。老教授稀疏银发,已经退休,但仍然在中大和浸会授课。每次来上课的时候背着一个萌萌的双肩包。他是我见过英语功底最好的。嗯,怎么形容呢?有人把钱钟书用英语授课的声音录下来听,发现不仅没有任何语法错误,而且用词贴切得体，听得如沐春风。Tony 差不多是属于这种水平。他的那句 "Education makes a people easy to lead, but difficult to drive; easy to govern, but impossible to enslave（教育使一个民族容易领导，但是难于驱使；容易管理，却不可能奴役）"，我一直铭记在心。他三个小时的娓娓道来，看不出疲态和倦态感。

有次课后回去的路上和 Tony 交流了一下。我问他这样上课是不是很累。他说当然会累啊，不过你在做自己喜欢的事情的时候，就不感觉很辛苦了。

因为热爱，所以付出，因为付出，走向专业。听起来虽然很老套，却是道理。

香港普通居住面积之小足以让内地人都傲娇地觉得自己是土豪，工作时间之长让他们都不太想在那里待着了。但他们仿佛一直懂得保持优雅，而隐藏努力的狼狈。就像天鹅在水上轻松优雅地游着，但其实它们的脚在不停运动，只是藏在别人看不到的水下。

因为在这个城市，辛苦是廉价的。

他们展现给别人的永远是一副精致的妆容和自信而专业的态度。哪怕精致的妆容下藏着疲惫的眼圈，哪怕笔挺的西装里塞着寂寞的灵魂。

他们是对自己的生命有要求的人。

突然想起作家易术当年写自己北漂生涯的一段话：

"你放弃老家的优越安逸，就得接受外面的疲于奔命；你放弃上班族朝九晚五的稳定感，就得接受自由自在的不确定；你放弃循规蹈矩的命运节奏，就得接受生活给你带来的挑战；你想站在原地，就得放弃别处的风景；你想去远方，就得离开你现在站的地方；你放弃甲，就得接受乙。

"但那不也是因为乙有更独特的魅力吸引着你吗？比如，疲于奔命练就的强大内心，不确定带来的惊喜，挑战让你独当一面，等等。这些那些，都是你被保护、被圈养所得不到的财富。"

是啊，没有梦想，何必远方。

/ Chapter 4 / 事业不在家乡

异乡的筑梦人

生活已经走在你前面,展现之前不曾预见的画面,美好的,残酷的,都赤裸裸地展现给你看。生活给你点的餐,好吃就多吃点,难吃,也要咽下去。

如果想在香港追逐自己的梦想,往往境遇是:前面是几座大山,而身后,几乎没有退路。

可能在香港待久了,前些天回上海,不自觉的会比较这两座"国际化大都市",发现都是国际化,却有各种差异,尤其对于在城市拼搏、筑梦的异乡人。

比如住房,所谓居者有其屋,在一个城市打拼,能有自己的一套房子,算是有根,体面,少些居无定所的漂泊感。不用比中心区几千万上亿的豪宅,没意思。在上海,买不起市区的房子,可以选择郊区,如闵行、松江等,或东边的川沙等,两万一平方米,也能有个小户型;而在香港,西边的东涌,东边的康城,已是地铁的尽头,均价十万,一套五十平方米的小户型，五百万起步。

不要和我谈内地的房价高。

记得第一次来香港的时候，在铜锣湾闹市区看到一座破旧的大厦，外墙上贴了幅巨大的海报，上面写着句英文"Never undervalue the place you've got here（永远不要低估你现在的地方）"。

香港的房价已经高得离谱，房产中介指着窗户对面的一套小户型：

"那套房是客户今年年头刚买的，现在已经涨了三十万了。"

分不清是杠杆，还是泡沫。

买不起房，那就租房。市中心的房子租金年年在涨，七千港币，只能租个七平方米的小单间，仅供放下一张不能超过一米八的床和一张书桌，女生就在书桌上搭个梳妆台。同样价钱在上海，一般能租个两室一厅。香港油尖旺地区，屋子旧，但地理位置好，在市区，交通方便，所以经常出现违和的一幕就是：在一个破旧的楼宇狭小的电梯里，走出西装革履，或者精致无比的男士女士。

租房就要涉及搬家。在香港一般合约签一年，续租比例不大，加上房子又小，好多港漂们这几年新学到的技能就是：全部的身外之物都能放进两个行李箱，今天要搬家，明天就走人。

/ Chapter 4 / 事业不在家乡

有些技能是主动学来的，另一些是被迫养成的——都是为了生存。

在这儿生活，必须有自嘲、自黑的气质，就像中国的股民，前阵子花了十几万亿，买回一堆段子。

有人说，在香港工作收入高。殊不知，生活成本更高。在这里，月入一万，被人怜悯，都不够租房和吃喝；月入两万，勉强糊口；月入五万，还在焦虑；月入十万，呵呵，恭喜，你终于获得在这座城市畅想未来的资格了。

在这里筑梦的异乡人，要么就是混得还不错，要么就是混不下去，中间地带的，少。

"有时候想想，真不想待了。"同事一边吃着盒饭，一边看着窗外的维港。

"哥在内地，好歹也是有房有车的人。"

投资讲高风险伴随高收益，在香港，高收益不敢说，但一定高成本，高风险。

为什么仍然留在香港工作?

也许在这个肾上腺素战胜辛酸泪水的城市，能让你知道自己的极限和边界在哪里。

这个城市会夺走你的很多东西，至少是舒适，但同时也会馈赠很多，能不能拿到，看你本事。

不管生活多么艰难，总会有叛逆的人对着干。就像总有人钟情草原的野马，总有人爱慕风情的女子。

总有些人，就像命运的赌徒，不到倾家荡产，不到一无所有，就不认输，不想离桌。

留在香港工作的，都是有勇气的。

在这里，不用想着有太多选择，因为生活已经走在你前面，展现之前不曾预见的画面，美好的，残酷的，都赤裸裸地展现给你看。生活给你点的餐，好吃就多吃点，难吃，也要咽下去。

夜晚十点还在灯火通明的写字楼里 OT（overtime，香港加班的口头禅）的，这座城市的荣光，也属于他们。

献给所有在香港筑梦的异乡人，因为他们注定不会成为生活的旁观者。

/ Chapter 4 /　事业不在家乡

写给我的旅行箱

　　生活的容量，其实和旅行箱的容量差不多。我们真的不需要拥有全世界，得到的越多，失去的也是同样，我们只拥有相同的二十四小时。流于表面的拥有，终究走不到内心。

我的旅行箱：

　　你好呀。

　　去年十二月的曼哈顿，第六大道，三十四街，梅西商场八楼，一眼就被你吸引，深灰色的外壳，低调，简约，轻奢的气质。于是，拽着你的小手，把你拉回了家。

　　每次出行、出差或是旅游，你成了我的陪伴和标配，双肩背着苹果 Mac，手上拽着你。

　　你的轮子灵活，我喜欢一边走路，一边用右手把你打转，犹如一个舞伴，在旁边转圈起舞。

　　20 寸的拉杆箱，可以带上飞机，不用走托运，因为你知道我的时间宝贵，无法忍受围在愚蠢的行李转盘，看着一个个被推出来的差不多的旅行箱，焦虑，失望，期待下一个出现的,是不是你。把你带上飞机,塞进飞机行李舱内,知道你就在我头顶,安静地躺着,心里踏实,飞机一落,就能走人。

你虽然是 20 寸的规格,却有着 24 寸般的容量,中间拉链一侧通常放两套换洗的衣物,另一侧放皮鞋、运动鞋,和我最喜欢的英版紫色 New Balance。

你看过我所有忙碌和狼狈,有次下了飞机后,没有时间把你领回家,放在公司的角落,一待就是三天,事后找东西才想起;你体会我所有的情绪,包括一个人时候的消极;你不怕被我遗漏,也不介意被我想起,你知道一个人如果经常叽叽歪歪,他的人生就会充满戏剧性。所以你只是静静待在那里,只出现在我出门需要的时候。

在香港,我的所有财产都在三个旅行箱里,28 寸、24 寸和 20 寸。三个箱子,装下在这座城市的所有。在香港搬过三次家,从一开始来读研住的大围名城,到后来的康城,再到现在的红磡;慢慢发现,每一次和过去告别,换一个地方重新开始生活,真正需要跟随自己的东西,并不用太多。

每一次搬家,就是按一次清零的按钮,去繁入简的过程,多做减法,走在路上,脚步会更加轻盈。

很喜欢的一部电影《在云端》,乔治·克鲁尼在受邀演讲时,总是会拿出一个包,卖他的人生哲学:"假如生活就是你的背包,你想装进哪些东西?房子、车子、沙发,直到我们寸步难行。如果我现在决定把你的背包烧了,你最想从里面拿出些什么?"

最后他嘴角微微上扬,眯眯一笑,拉起眼角皱纹都性感的侧脸,总结说:Moving is living(移动就是生活)。

我们都是背着生活负重前行的人,生活就是我们的十字架,没有人能够挣脱。卸下哪些,扛上哪些,是我们的选择,是智慧的开头。

生活的容量,其实和旅行箱的容量差不多。我们真的不需要拥有全世界,得到的越多,失去的也同样,我们只拥有相同的二十四小时。流于表面的拥有,终究走不到内心。

以前想要的生活,要热闹,要钱,要尊重;现在理解的生活,风格是克制。

前几天在老家过中秋,听某阿姨说要给刚开始工作的小孩买房,说至少也得买一百四十平方米的吧,要不然太小了。我淡淡地笑:第一,年轻人不应该一开始就买房,现在拥有房,对他们来说,可能是捆绑,不一定是祝福;第二,虽然现在房价高,但是至少让他们自己去拼搏几年,不应该剥夺他们奋斗的理由和权利;第三,一百四十平方米,呵呵,在香港是豪宅。

又会想起,一个人到底需要多大的空间,才算足够。香港寸土寸金,居住空间是出了名的狭小和拥挤,房租又是离谱的贵。在香港打拼,不能随心所欲地买衣服买鞋,买各种喜欢的物件往家里塞;倒不是买不起,而是放不下。逼得自己控制对物质的贪婪，渐渐开始明白，有些东西，只需体验，无须拥有。身外之物少了，脑袋就不会牵绊很多事，搬家只要拎三个箱子上车，就能说再见，不纠结，不扭捏，开始收获轻松，收获幸福。

当失去对物质的过度追求后，开始拥有诗和远方，和内心的丰盈。

我的空间很小，我的生活很大。

卢梭说：人是生而自由的，却无往不在枷锁之中。深陷生活的我们几乎没见过自由的样子，可却一直在深深体味着不自由。

体会自由，从精简生活开始吧。

/ Chapter 4 / 事业不在家乡

今天不关心世界，只想回家

其实现在回家乡的心情，越来越纠结了。看到从小一起玩到大的小伙伴们，工资也许不高但都事业稳定，房子虽然不贵但都一百多平，牵着老婆带着娃的……这一刻，会质疑当年的三观和所谓的理想。

飞机落地后，再坐一小时的车，回到家乡小城。语言系统下一秒自动切换方言模式，肩上还背着电脑包，右手还拖着行李箱，上了出租车，第一个目的地不是家里，而是去家东门口的香喷喷面馆，吃一碗海鲜面。

面店老板见到我，总会笑眯眯地问我，从香港回来啦，这次能在家待几天呀？

每次必点最代表家乡味的麦面，加上虾蛄、蟹、小黄鱼、蛏子，配上熬好的排骨高汤，大火烧滚几分钟后，呈上热腾腾一大碗面，面上趴着虾兵蟹将，看着就已经感动了。香港西贡的海鲜已经忘记，米其林餐厅的精致此刻也表示呵呵。我一边娴熟地卸下小海鲜们的各类盔甲，享受着高蛋白的满足，一边喝着滚烫鲜美的浓汤。镜片模糊，额头冒汗，胡吃海喝后，放下空碗，抹抹油腻的嘴唇，擦擦一头细汗的胖脸。肚子充实，心里踏实，这才算是正式到了家。

家乡的味道，有时就是一碗海鲜面的味道。

其实现在回家乡的心情，越来越纠结了。看到从小一起玩到大的小伙伴们，工资也许不高但都事业稳定，房子虽然不贵但都一百多平，牵着老婆带着娃的，这时候你感觉自己像个失败者，心理阴影面积巨大。这一刻，会质疑当年的三观和所谓的理想。家庭才可贵，自由算个屁，什么诗和远方，远方太遥远，诗不能当饭吃——高晓松你个骗子。

前两天看一篇文章，标题是——留不下的城市，回不去的家乡。光看标题，就共鸣了，动情了。

上海、北京我不知道，但是香港，所有毕业后没有回内地发展，选择留在香港打拼的港漂，数据统计，两三年后，超过一半的人会离开这座城。因为房价太高了，就像我之前文章里说的，没有月薪超过十万，你可以说在这座城市工作，但没有资格说在这里定居。想都不要想。这个城市的繁华和你是没有关系的，甚至你离开的时候，你和她说再见，她也不会给你一个正面的回应。

想留，留不下。

有人说，家乡是最后的港湾，在外面如果混得不好，还可以回来。说得很温情，现实很残忍。你问问那些在一线城市打拼的人，有几成是现在已经混得很好的，剩下混得不好的，又有几成是心安理得滚回家乡的？

回不去了好么！

因为留还是回，根本不是选择题，你有能力在这城市留得住，就有脸面回得去，衣锦还乡嘛；如果在城市混不下去了，你也没脸回去呀。我是狮子座的，盲目的天生骄傲，既然选择出来闯荡江湖了，就是一定要干出一番事业不可的呀。混得不好，就只能跳家乡的东海了，是没有苟活的退路的。

但现实是，三五年后，事业没有小成，人生没有小赢的人比比皆是，一不小心家底还不殷实，在一线城市买不起房。在大城市不被认可，在家乡不被理解，面对身份的模糊，心理防线是崩溃的。回到家乡，请善待他们，多发些红包吧。

所以经常有朋友和我说，你干吗这么拼？我一般回答是：第一，如果你说我拼，说明你还没见过真正拼的人的状态。看到他们，我觉得他们最起码要买二十万美金保额以上的重大疾病和人寿保险，因为估计用不了多少年，这笔钱就能派上用场。第二，我已经不是刚大学毕业的小年轻了，再晚几年，就要变成道貌岸然的中年人，肚腩隆起，油光满面。所以没有多少青春可以挥霍和浪费，只管体验、不管未来的成长方式已经不属于我了，试错的成本已经大到决定命运了。第三，选择离开家乡，去一座陌生的城市，意味着你失去了陪伴父母的时间，和大多数情况下，延迟了结婚生小孩的时间，而这些隐性的成本，才是最贵的。我们所有的努力，只希望能早一天获得财务上的相对自由，才能获得时间自由，才能多抽出时间来陪伴家人，才能放心大胆地去结个婚生个娃。

不要和我谈什么急功近利，因为你无法体会我们的焦虑，我们在和时间赛跑。

家乡的习俗，过完这年，我就虚岁三十了。俗话说，三十岁前认识世界，三十岁后认识自己。

但是，我惊恐地发现，自己前两年离开体制，跨出自己世界的周长半径，走向未知的广阔天地的时候，才知道这个世界，比我想象中更宽阔，几乎是重启了对于这个世界的认知；认识自己更是，今年发展还算可以，开始雇人，建团队，社交不同的人群，越来越认识到自己的不堪，性格上的短板，格局上的短视，和领袖气质的压根没有。

鸡汤界有一著名金句，说要勇于走出自己的舒适圈。这句话还真是对的，因为在舒适圈内，你真把自己当那么回事儿的，出来后，你一定会知道原来自己是多么失败。想起以前自己在人前高谈阔论时，有些阅历丰富的人，坐你面前，眼神善意，意味深长的，笑而不语。当时觉得他们笑容很诡异，现在想来，背后一身冷汗。

还有一点，这个世界变化太快了，我们永远都在重新归零，重新认知。

我相信，再过几年甚至几十年，大家再回过头来看中国现在这几年的变化，会定位说，嗯，这是伟大的年代。网上有一个帖子，对比五年前的世界和现在的世界，变化之大，难以想象，几乎两个时代。而未来五年，我相信这个速度一点都不会慢。摧枯拉朽，成批的死去，成批的兴起。在大城市打拼的人，从这个角度来说是幸运的，因为我们不是被感知，而是主动地在体验、吸收，甚至参与改变和创造着新的世界。

朋友给了我一本财经杂志，说这书不错，我问为啥，他说因为上面有他写的文章……好吧。

我翻了几眼，看到一篇文章的一段话，还真心有感触（但不是他写的那篇）。

"这是最坏的时代：经济减速，利差缩减，坏账攀升，过度监管；这同时也是最好的时代：科技进步，市场利率化，空前宽松的创新环境。也许，在这个时代里，我们最不需要的，就是焦虑。"

新的一年，江山未定，胜负未分，还在征途。

有一种焦虑叫作三十不立

三十而立,不是立业,而是立志向。

三十而立,在如今社会是个伪命题,因为在大城市,过了三十,一般都"立"不起来。所以,或许我们要用新的角度去诠释——三十而立,不是立业,而是立志向。

我的直属领导 Effie 是个爱折腾的职场女强人,毕业后在麦肯锡一路做到了高管,然后跳到甲方公司华润(香港)去当总监。本可以舒舒服服过养老的日子,结果又辞职,加入互联网金融这个风口;肚子里怀着第二个小孩,还保持着一周一飞的节奏。

前几天她参加了上海交大同学会,和我说现在的同学们多么厉害。我说,同学会嘛,永远都是一些人高调爱炫耀,另一些人在低调秀优越,伤害对方又伤害自己的场子。

她说这一次没有,像她们这年纪,这辈子能飞黄腾达还是平平庸庸,已经能看透。混得出来的,在稳定的快车道;

没混出来的，也看开了，家有老婆孩子，有房有车，孩子能上得起学，没有大富贵，也有小日子。

"你都不知道上一次同学会，六七年前，当年我们都差不多三十岁，那时候，大家都好焦虑，事业，结婚，生孩子，尤其在大城市打拼的，更加明显。"

她叹了口气——三十岁左右，真是一生中最焦虑的年纪。

我咽了口水，突然觉着气氛不对，四周的空气变得凝重，车子变得沉重。这说的不就是现在的我么，我确实好焦虑啊。

我之前写过一篇文章，说毕业五年决定你的一生。当时也许有些偏激，因为这两年自己的职场转型，也算是实现了弯道超车。但现实是，毕业五年也许决定不了一生，却基本上决定了你未来的走向，三十岁后，人生逆袭的天花板开始收窄；职场的其他条赛道开始闭合，只看得到自己眼前的那条。

这时候惊恐地发现，这条赛道看上去并不美好，路上坑坑洼洼，一路艰辛；赛道也并不开阔，自己无法施展身手；更糟的是，赛道未来轨迹并不大幅上扬，似乎很快就要走到尽头，甚至出现抛锚的风险（所谓职场的天花板）。

比如教了几年书的老师在困惑中国的教育体制下这份阳光下最美好的事业是否真的像宣传的那样，到底是在"诲人不倦"还是"毁人不倦"。

比如一路实习加轮岗终于做了医生，开始反思为什么操着卖白粉的心赚的却是卖白菜的钱，在国外医生不都是高收入人群么，新闻开始呼吁保护和尊重医生了，医生怎么还成了弱势群体了？

比如搞金融的开始怀疑自己当年觉着"高大上"的职业本质上是人民币的搬运工外加拉皮条和吹牛。这两年经济下行，眼见每天早上卖煎饼的大妈赚的都比自己多了。实体金融已经被互联网金融打得溃不成军。转业创投，才是出路。当年的蔡崇信，前几年的柳青，都是活生生的金融职场华丽转型的鲜活案例啊。掩面长叹——三十年河东，三十年河西。

三十岁出头的我们，有吐不完的槽，但吐完我们还是得还房贷。而更多人是三十岁还买不了房，连当房奴的资格都没有。

活在青春尾巴的我们，看着自己开始发福的身体——还能换赛道么？能不焦虑么。

于是只能用诗人歌手李健的话安慰自己——嗯嗯，我觉得男人三十而立这个说法是不对的；现在社会，男人四十能立就不错了。嗯，是这样的。

所以这时候我们要问自己一个问题——毕业后的这几年，我们都在忙些啥？毕业时说好的要迎娶白富美，走向人生巅峰的节奏呢？

终于意识到，有一种失败叫瞎忙。

有句话我很赞同，年轻人的特点是什么？第一是有足够多的可能性；第二是没有自知之明。早些年我们可爱的文化商人余秋雨老师就说过，青年不值得歌颂，而是一个充满陷阱的年代。陷阱一生都会遇到，但青年时代的陷阱最多，最大，最险。

青年时代拥有最多的可能性，但这种可能性落实在一个具体的人身上，却是宅路一条。我们的青春，只能挥霍在自己的这种可能性上了，对自己的未来下注，青春是唯一的筹码。

但问题是，同样的年轻人，有些人觉得青春易逝，拼命学习成长，外练能力，内练气质，几年之后，时机成熟，完成逆袭；而大多数人，严重低估了自己这几年美好青春的宝贵价值，觉着腰缠大把时间，配上一副好身板，不着急，不害怕，不要脸，好像也在做事，却不善于思考和布局，最后陷入忙碌却盲目的尴尬。

真的，好些年轻人，看他现在的状态和姿态，一般能判断出未来三五年后的样子。

所以，青春的筹码太贵，别下错注，因为多半翻不了局；别犯错，因为一般回不了头；别走弯路，因为很可能走不回来。

还记得BBC那部著名的纪录片《七年》，片子追踪采访英国十四位不同阶级的七岁小孩，到十四岁、二十一岁、二十八岁、三十五岁及四十二岁。多年过去了，得到的结论是，他们似乎都没有逃出自己的阶级，上层社会的还在上层，下层社会的还是下层，除了有个小孩出生贫苦，后来当了大学教授。

阶级和圈层的流动也是符合正态分布的（见下页图），

我们大多数人都包在那条曲线"穹顶"之下，只留少数成为命运手掌里的漏网之鱼。

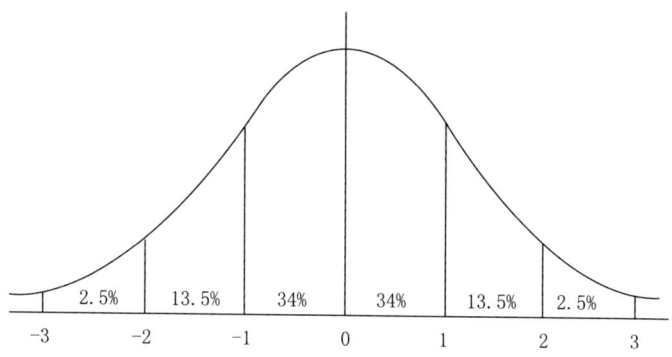

真的，我们努力都不一定能逆袭，何况不努力呢。

既然焦虑不可避免，我们能做的就是带着焦虑前行，如同医学上讲的带菌生活，一个道理。

自己这几年的摸爬滚打，走的弯路，吃过的亏，在夕阳下回顾自己的过去。我真心觉得以下两个点，希望当初的自己能早点明白。

所做的事情能不能提高自己的势能

之前讲过，任何工作其实都是在重复，区别在于重复的势能不同。一类是简单机械的重复，技术含量不高，比如一些体力活，或者专业要求不高的脑力活。去年、今年和明年所做的事情都一样，眼界、能力、素质并不增长，或增长太慢。具体行业就不举例了,免得得罪太多人。

而另一种,重复含金量较高,每一次重复都在积累和获得行业经验。比如做咨询,投行。深度积累后的核心竞争力,会在互联网的推动下,得到最大化的价值体现。因为一直在蓄势,时间越长,势能越高,一旦开闸,一次的交易量,是有可能超过人家一年的血汗所得。

为此,我还专门画了一张图,更好阐明自身价值与时间的关系。

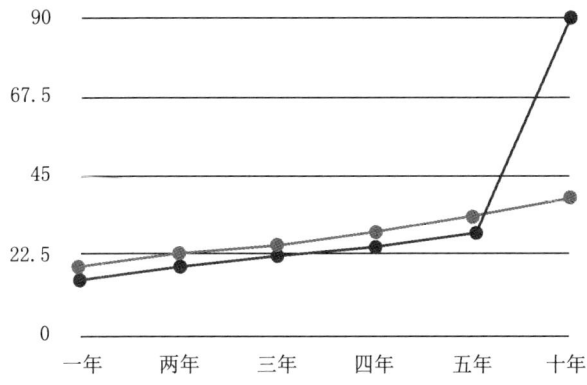

所以,如果自己还算年轻,并没有迫切的养家糊口的压力,那么在选择事业或者找工作的时候,最不应该看重的,就是当下给你的薪水。不要把青春贱卖了,因为从时间的成本比起来,从未来往前看,现在给的薪水一定是廉价的。换我们现在青春的筹码,不是一月几千几万的薪水,而应该是平台、资源、人脉、能力增值等,这些无形的东西,才拥有时间复利和溢价空间。

说白了，一个人真正的能力，不在于说能赚多少钱，而在于市场觉得你值多少钱。

做擅长的事，而不是做赚钱的事

我个人比较认同的一个说法，就是木桶理论已死，长板理论为王——优势才是王道。说白了就是你得拥有一项技能是超越大众很多的。这个时代多需要专才，而不是通才。因为职场和商场，本质是资源互换。而你的那条长板就是你的核心竞争力，用来撬动其他资源的筹码。而且这条长板越明显，就越会吸引其他的资源来找你对接和互换。举个具体的例子，比如许岑老师因为PPT做得好，成为罗永浩身边不可或缺的人，现在更是在淘宝卖教PPT的网络教程，开收费群等，完成了巨大的商业变现（当然还有其他素质因素）。说白了，互联网时代吧，都是讲究资源整合，没有一项核心能力，对不起，真心只能被边缘化。

这几年摸爬滚打的职场人，在三十岁左右的年纪，我们选对了接下来的赛道么，我们训练好自己的长板了么。

还好，社会现在对年龄更宽容了，我们还可以不要脸地说自己还年轻，还可以仰起头四十五度角仰望星空，依然热泪盈眶。

无须量力，只管前行；不怕路长，只怕心老；还没有成功，就还没有失败。

共勉。